建部賢弘の数学

建部賢弘の数学

小川　束・佐藤健一
竹之内脩・森本光生

著

共立出版

まえがき

　近代以前の東アジアの数学は，古代以来の中国数学の伝統に立脚するとともに，各地域でそれぞれ固有の政治・経済情勢，社会情勢，文化情勢によって個別的な展開を見た．日本の数学ももちろんその例外ではなく，算木と算盤，そろばんにもとづく器具代数としての側面や，漢文体による定型的な表現法を中国伝来の伝統として遵守しながら，一方では文字係数の使用や，あたらしい問題の設定など，日本独自に独創的方法，思想を付加した．日本の数学がもっとも発展を遂げたのは近世，江戸時代のことであった．商業の発展や暦の改訂など多くの政治的，経済的，社会的要求や，個人的嗜好の拡大によって数学は江戸時代に大きく発展をしたのである．その第一の，そして江戸時代を通じて最高の黄金期が，17世紀後半から18世紀前半にかけて到来した．その端緒を開いたのは関孝和であった．関は勘定や測量などに従事した役人であったが，同時に数学者として，伝来した中国数学の技法を効果的に拡張し，当時の多くの難問を解決した．関はのちに「関流」の創始者として崇められ，その名は広く知れ渡ることになったが，今日の視点から見ても，日本の数学の偉大な創建者の一人であったことに間違いない．

　さて，本書の主人公である建部賢弘は幼少の頃より関に師事し，当時から関の門下としてその名を知られていた．建部賢弘は関の創始したいわゆる傍書法（文字係数を可能にする筆記法）の詳細を公開したり，関とともに当時の数学の集大成を試みるなど，関の第一の門弟にふさわしい仕事をしたが，そればかりでなく，円周率を42桁まで求めたり，円弧の長さをその高さの無限級数に展開するなど，関をも越える世界的な業績を挙げた．建部賢弘はまぎれもなく当時もっとも優れた数学者の一人でもあった．

本書は建部賢弘に関して，その時代，人，数学についてのおそらくはじめての書である．建部賢弘を理解するためには，その書物に書き記された数学を精確に理解することはもちろん，その生きた時代の思想的主潮や，また伝記による生涯を視野に入れることが必要である．その数学的アイデアにのみ注目すれば時代錯誤に陥るであろうし，一方，歴史学的観点のみでは当然その数学の意義を正しく把握できない．本書はそのような観点に立脚して書かれている．

本書は大きく分けて，歴史的側面から書かれた第 I 部（第 1 章～第 4 章），数学的側面から書かれた第 II 部（第 5 章～10 章），建部賢弘の数学思想の解読（第 11 章）と建部以降の数学の発展（第 12 章）について述べた第 III 部から成る．数学よりも歴史的，思想的観点に関心のある読者は第 I 部，第 III 部を中心に，また数学的側面に関心のある読者は第 II 部から読み始めて，必要に応じてほかの章を参照することもできる．

以下，少し詳しく各章の内容を述べておこう．

まず第 I 部は第 1 章と第 2 章で建部賢弘の生涯と著作に関してまとめ，第 3 章と第 4 章で算木と算盤の日本における受容，および関による傍書法という日本独自の数学の確立について述べる．第 3 章と第 4 章は建部の数学の技法，思想の基盤を述べたものである．第 4 章では建部の書いたものを直接読むことも試みる．これらによって，読者には建部の生きた時代の数学の様子を体感していただけると思う．

第 II 部の第 5 章から第 10 章までは建部の数学の主要なものを紹介する．第 5 章では極値問題などの微分積分法的な手法を紹介する．第 6 章から第 8 章では建部の数学のうちでもっとも高い歴史的評価を与えられている円周率の計算および円弧の長さの無限級数展開について，建部の発想や計算を詳細に述べた．現代の視点から見てもこれらは非常に興味深いものである．第 9 章では一転して建部が若い頃取り組んだ平面幾何について述べる．これは建部の修学時代のものであるが，建部の実力のほどを窺わせるのに十分である．また第 10 章では，建部の魔方陣の作成法について述べる．魔方陣の研究は江戸時代を通して連綿と続くのであるが，魔法陣に関心のある読者には興味深いと思う．

第 III 部の第 11 章では建部が書き残した数学論，数学者論である「自質の

説」を読む．数学者がその思想を文章として残した例はあまりないだけに，これによって読者は建部の数学思想について一層接近できるであろう．最後の第 12 章は建部以降の数学を簡単にまとめたものである．建部の没後，その数学が流派として系統立てられることはなかったが，諸処に影響は認められる．しかしその研究は未だ十分でなく，またそれは大著を物するに十分な内容を持っている．ここでは建部の直接の影響を受けた中根元圭と松永良弼についてごく簡単に述べるに止まっている．

最後に若干の読書案内を付した．

本書によって建部賢弘の時代，人，数学について，読者に幾分なりとも多角的な視点が提供できれば幸いである．

謝辞

本書執筆にあたっては，終始一貫して小松彦三郎先生と山司勝紀氏のご協力をいただき，また暦算について藤井康生先生，横塚啓之先生の助言をいただいた．ここに記して謝意を表す．

なお，著者のうち小川束は科研費 (17540137) の助成を，竹之内脩は科研費 (18540149) の助成を受けた．

最後に，共立出版の小山透氏には出版企画において御尽力いただき，大越隆道氏には原稿を精読の上多くの改善点の御指摘をいただいた．お二人に改めて御礼を申し上げる．

著者

目　　次

第 I 部　建部賢弘の時代と人　　1

第 1 章　建部賢弘の生涯　　3
1.1　建部賢弘が生きた時代 3
1.2　前期——関孝和との数学研究時代（13歳〜40歳）..... 5
1.3　中期——家宣，家継に仕えた幕臣時代（41歳〜53歳）.... 9
1.4　後期——吉宗に仕えた数学・暦術研究時代（54歳〜70歳）.. 10

第 2 章　建部賢弘の著作　　13
2.1　初期の著作 13
　　2.1.1　『研幾算法』（天和 3 (1683) 年）............. 13
　　2.1.2　『発微算法演段諺解』（貞享 2 (1685) 年）....... 18
　　2.1.3　『算学啓蒙諺解』（元禄 3 (1690) 年）........... 23
　　2.1.4　『大成算経』（宝永末 (1711) 頃）.............. 27
2.2　後期の著作 30
　　2.2.1　『綴術算経』，『不休建部先生綴術』（享保 7 (1722) 年序） 30
　　2.2.2　『累約術』（享保 13 (1728) 年）............... 34
2.3　執筆年代不明の著作 34
　　2.3.1　『弧背截約集』............................. 34
　　2.3.2　『弧背率』，『弧率』，『弧背術』，『弧背率書』...... 36
　　2.3.3　『円理弧背術』............................. 37
　　2.3.4　『方陣新術』............................... 37
2.4　暦術に関する著作 37

第3章 中国数学の受容　41
- 3.1 算木による数の表示 …… 41
- 3.2 算木による数の加減 …… 42
- 3.3 自然数と整数 …… 45
- 3.4 開方術 …… 46
- 3.5 天元術 …… 52

第4章 和算の確立　57
- 4.1 傍書法 …… 57
- 4.2 未知量の2乗化と3乗化 …… 59
- 4.3 『算学啓蒙諺解』の例 …… 59
- 4.4 『発微算法演段諺解』の例 …… 61
  - 4.4.1 『発微算法』の問題と解答 …… 61
  - 4.4.2 『発微算法演段諺解』の解説 …… 67

第II部　建部賢弘の数学　77

第5章 微積でない微積　79
- 5.1 極値問題 …… 79
  - 5.1.1 算盤代数と組立除法 …… 80
- 5.2 数値微分 …… 87
  - 5.2.1 増約術と損約術 …… 87
  - 5.2.2 増約の術 …… 87
  - 5.2.3 損約術 …… 88
  - 5.2.4 賢弘による薄皮饅頭の方法 …… 89
  - 5.2.5 関孝和による幾何学的洞察 …… 93
  - 5.2.6 数値計算か幾何学的洞察か …… 93
- 5.3 球の体積 …… 95
  - 5.3.1 垛術 …… 95
  - 5.3.2 円台の体積の公式 …… 96
  - 5.3.3 円台の体積の累和による近似 …… 96
  - 5.3.4 「一奇術」の説明 …… 97

第 6 章 42 桁の円周率　　99

- 6.1 円周率の計算 100
  - 6.1.1 直径 1 の円に内接する正多角形 101
  - 6.1.2 関孝和の円周率計算 102
  - 6.1.3 松永良弼の説明 104
  - 6.1.4 松永良弼の主張の検証 104
- 6.2 累遍増約術 106
  - 6.2.1 『大成算経』の円周率計算 106
  - 6.2.2 『綴術算経』の円周率計算 107
  - 6.2.3 累遍増約術とは 111
  - 6.2.4 あと知恵 112
  - 6.2.5 42 桁の円周率 113
- 6.3 零約の術 114
  - 6.3.1 賢明の零約術 114
  - 6.3.2 関孝和の零約術 117

第 7 章 弧の長さを求めて　　119

- 7.1 現代数学の言葉では 119
- 7.2 『堅亥録』の近似式 120
- 7.3 『研幾算法』第 1 問 121
- 7.4 『括要算法』の求弧術 122
- 7.5 『大成算経』巻十二の公式 123
- 7.6 『弧率』の近似式 123

第 8 章 無限級数の発見　　125

- 8.1 建部賢弘の数値的方法 125
- 8.2 逆三角関数に関する三つの公式 131
  - 8.2.1 三つの近似式の意味 132
  - 8.2.2 第 1 の近似式 133
  - 8.2.3 テイラー展開について 134
  - 8.2.4 第 2 の近似式 134
  - 8.2.5 第 3 の近似式 135

8.3	無限級数展開の代数的な求め方	136
8.3.1	無限級数の発見（代数的方法）	138
8.3.2	2項展開	139
8.3.3	繰り返し	140
8.3.4	極限移行	142

第9章 幾何の代数化 145
9.1 第9問 145
9.2 第6問 149
9.3 第5問 153

第10章 魔方陣 157
10.1 魔方陣研究の歴史 157
10.2 建部賢弘の方陣 159

第III部　建部賢弘の数学思想とその後 167

第11章 数学とは何か，数学者とは誰か 169
11.1 建部賢弘の時代の思潮 169
11.2 自質の説——数学とは，数学者とは 171

第12章 建部賢弘その後 177
12.1 建部賢弘の数学研究の意義 177
12.2 中根元圭 178
12.3 松永良弼 179

読書案内 183

人名索引 193

書名索引 195

事項索引 199

江戸時代の元号表

元号	よみ	西暦
慶長	けいちょう	1596–1615
元和	げんな	1615–1624
寛永	かんえい	1624–1644
正保	しょうほう	1644–1648
慶安	けいあん	1648–1652
承応	じょうおう	1652–1655
明暦	めいれき	1655–1658
万治	まんじ	1658–1661
寛文	かんぶん	1661–1673
延宝	えんぽう	1673–1681
天和	てんな	1681–1684
貞享	じょうきょう	1684–1688
元禄	げんろく	1688–1704
宝永	ほうえい	1704–1711
正徳	しょうとく	1711–1716
享保	きょうほう	1716–1736
元文	げんぶん	1736–1741
寛保	かんぽう	1741–1744
延享	えんきょう	1744–1748
寛延	かんえん	1748–1751
宝暦	ほうれき	1751–1764
明和	めいわ	1764–1772
安永	あんえい	1772–1781
天明	てんめい	1781–1789
寛政	かんせい	1789–1801
享和	きょうわ	1801–1804
文化	ぶんか	1804–1818
文政	ぶんせい	1818–1830
天保	てんぽう	1830–1844
弘化	こうか	1844–1848
嘉永	かえい	1848–1854
安政	あんせい	1854–1860
万延	まんえん	1860–1861
文久	ぶんきゅう	1861–1864
元治	げんじ	1864–1865
慶応	けいおう	1865–1868

十干・十二支・二十八宿表

十干（　　よみ　　）
甲　（こう，きのえ）
乙　（おつ，きのと）
丙　（へい，ひのえ）
丁　（てい，ひのと）
戊　（ぼ，つちのえ）
己　（き，つちのと）
庚　（こう，かのえ）
辛　（しん，かのと）
壬　（じん，みずのえ）
癸　（き，みずのと）

十二支（　　よみ　　）
子　（し，ね）
丑　（ちゅう，うし）
寅　（いん，とら）
卯　（ぼう，う）
辰　（しん，たつ）
巳　（し，み）
午　（ご，うま）
未　（び，ひつじ）
申　（しん，さる）
酉　（ゆう，とり）
戌　（じゅつ，いぬ）
亥　（がい，い）

二十八宿（よみ）
角　（かく）
亢　（こう）
氐　（てい）
房　（ぼう）
心　（しん）
尾　（び）
箕　（き）
斗　（と）
牛　（ぎゅう）
女　（じょ）
虚　（きょ）
危　（き）
室　（しつ）
壁　（へき）

二十八宿（よみ）
奎　（けい）
婁　（ろう）
胃　（い）
昴　（ぼう）
畢　（ひつ）
觜　（し）
参　（しん）
井　（せい）
鬼　（き）
柳　（りゅう）
星　（せい）
張　（ちょう）
翼　（よく）
軫　（しん）

第Ⅰ部
建部賢弘の時代と人

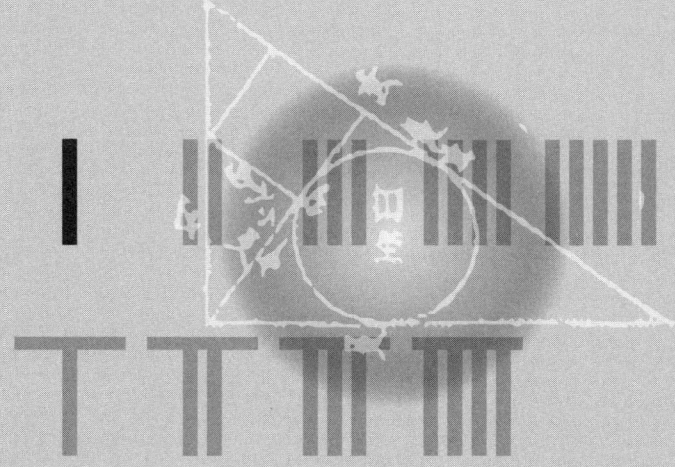

第1章　建部賢弘の生涯

　本章では建部賢弘（寛文4 (1664) 年–元文4 (1739) 年）の生きた時代を概観し，賢弘の人生を前期，中期，後期に分けて紹介する．

1.1　建部賢弘が生きた時代

　有史以来の世界の数学史を眺めてみると，古代ギリシアの数学，アラビアの数学，インドの数学，中国の数学など，それぞれの時代に，それぞれの国・地域に，独特の発達を遂げた数学が多く存在したことがわかる．日本の江戸時代の数学（和算）もその一つである．

　江戸時代の数学は16世紀末頃，中国の数学書である『算法統宗』や『算学啓蒙』が渡来したのが始まりとされる．本書の主人公，建部賢弘（たけべ かたひろ）が生まれたのは，江戸時代の数学が始まって半世紀あまり経た寛文4 (1664) 年のことである．それまでの約70年間の日本における数学の歴史において，大きなできごとというと，まず次の二つが挙げられるであろう．

　まず第一は寛永4 (1627) 年，吉田光由（よしだ みつよし）の『塵劫記』（じんこうき）の出版である．『塵劫記』は1592年（または1593年）に中国の程大位が刊行した数学書『算法統宗』を手本にして書かれたもので，当時普及し始めていたそろばんを用いた計算法を述べたものである．『塵劫記』にはさまざまな職業の人々の生活に関わる数学が記されていて，経済の発展とともに多くの人に歓迎された（図1.1）．『塵劫記』に啓発されていくつもの数学書が出版され，それによって江戸時代の日本人の数学知識の水準は非常に高くなった．

　第二は延宝2 (1674) 年，関孝和（せきたかかず）（？–宝永5 (1708) 年）の『発微算法』（はつび さんぽう）の出版である．『塵劫記』を刊行した吉田光由は海賊版対策としてたびたび改訂を繰り返したが，寛永18 (1641) 年に著した『新篇塵劫記』の巻末には解答の与

4　第 1 章　建部賢弘の生涯

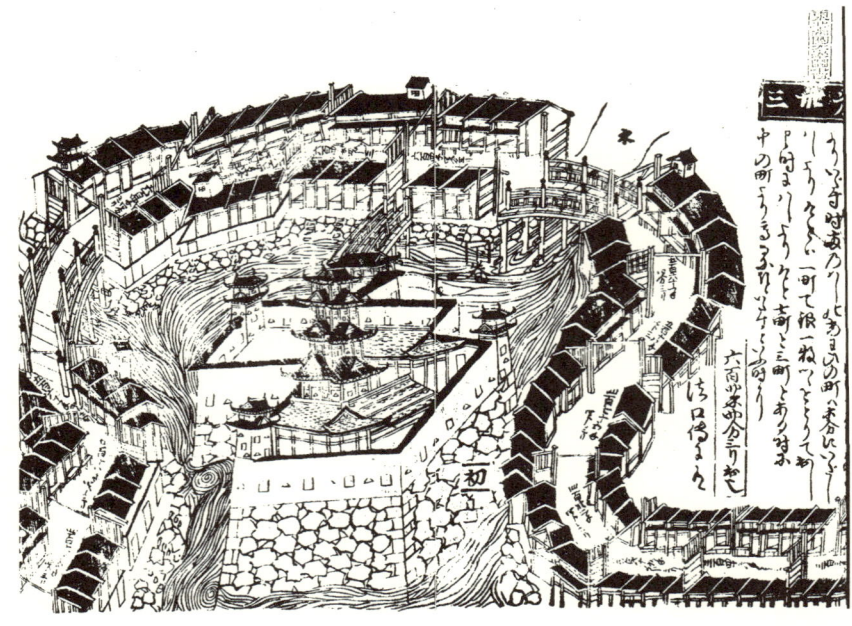

図 1.1　吉田光由『塵劫記』（東北大学岡本刊 004, 下巻 3 丁表〜3 丁裏）．橋を修繕する費用を町中で分担する第 33 問．問題文を読むだけでも一苦労．この図は 3 丁表，裏を合成したもの．

えられていない問題（遺題(いだい)，好みとも呼ばれた）が載せられていた．榎並和澄(えなみともすみ)は吉田のそれらの遺題を解いて『参両録(さんりょうろく)』を刊行したが，巻末にはさらに自分の作った遺題 8 問を載せた．これを契機としてほかの本の遺題を解いて，さらに遺題を公表することが流行した．これが遺題継承である．遺題継承によって多くの本が書かれたが，その中で『古今算法記(ここんさんぽうき)』の遺題に答えたのが，関孝和の『発微算法』であった．『発微算法』の最大の意義は遺題を解いたということよりも，問題を解くための方法にあった．関は中国から伝わった算木の計算方法を筆算化して，さらに文字を係数に含む代数方程式を扱えるように工夫したのである（のちに傍書法とよばれた）．こうして関は江戸時代の数学に大きな飛躍をもたらした．

　関孝和の著作で刊行されたものは，『発微算法』と遺著の『括要算法』だけである．『括要算法』は関の没後 4 年目の 1712 年に荒木村英(むらひで)（寛永 17 (1640)

年–享保 3 (1718) 年）と大高由昌によって刊行されたのであるが，その内容は貞享 (1684–1687) の頃に成立したと考えられている．賢弘や兄の賢明が関の下で数学の研究に励んだのは，のちに『括要算法』にまとめられることになる数学を関孝和が研究していた時期と重なる．

賢弘が数学を学んだのは，まさに江戸時代の数学というパラダイムが確立しようという時期であった．賢弘が著した『発微算法』の解説書『発微算法演段諺解』（貞享 2 (1685) 年）は，まさに関孝和による江戸時代の数学のパラダイム確立を宣言する記念碑的な著作である．その後の江戸時代の数学は，西洋の数学も若干輸入されたが，全体としては幕末に至るまで一貫して，関と賢弘により確立されたパラダイムの中にあったといっても過言ではない．

賢弘の生涯はおおよそ次の三期に分けて考えることができる．

前期——関孝和との数学研究時代（13 歳〜40 歳）
中期——家宣，家継に使えた幕臣時代（41 歳〜53 歳）
後期——吉宗に仕えた数学・暦術研究時代（54 歳〜70 歳）

賢弘の数学研究は前期と後期に集中していて，幕府の役人として多忙であったと思われる中期には刊行した書物はない．しかし，吉宗に見出され，天文数理の顧問格[1]となった後期に，関孝和でさえなしえなかった業績を挙げたことを考えると，公務多忙の中期にも数学に対する情熱は持ち続けていたに違いない．

以下では，さほど多くない現存の資料から賢弘という一人の数学者を浮き彫りにしたい．江戸時代の役職などについては現在とは異なるものが多いので，説明は脚注に簡単に書いておく．

1.2　前期——関孝和との数学研究時代（13 歳〜40 歳）

前期は，関孝和，兄の賢明とともに数学の研究を進めた時期である．
賢弘は江戸幕府の右筆[2]である建部直恒（元和 6 (1620) 年–元禄 15 (1702) 年）の三男として寛文 4 (1664) 年に江戸で生まれた．母は大番士[3]の春日長

---
[1] 享保 5 (1720) 年 11 月 22 日に，小納戸である賢弘が金 30 両を給わり「天学数術に精しきをもって，御顧問格にあづかりし事もあるゆへなるべし」と『徳川実紀』に記されている
[2] 幕府・諸藩の文書事務を担当する役職．祐筆とも．
[3] 大番は江戸城および江戸市中の警備に当る役．12 組あった．

寛文 4 年	(1664)	徳川家光右筆建部直恒の三男として生まれる．
延宝 2 年	(1674)	関孝和『発微算法』を著す．
延宝 4 年	(1676)	兄賢明とともに関孝和へ入門．
延宝 8 年	(1680)	綱吉五代将軍となる．
天和 3 年	(1683)	『研幾算法』を著す．『大成算経』編纂開始．
貞享 2 年	(1685)	『発微算法演段諺解』を著す．
元禄 3 年	(1690)	『算学啓蒙諺解』を著す．北條源五衛門（綱豊（のちの将軍家宣）の臣）の養子となる．
元禄 5 年	(1692)	綱豊の家臣となる．
元禄中頃		『大成算経』12 巻（『算法大成』）まで完成．
元禄 16 年	(1703)	建部姓に戻り，御小納戸となる（切米 100 俵五人扶持）．

兵衛の娘である．賢弘のはじめの名は源右衛門賢秀といった．秀という字は祖父の頃までは代々建部家で通称として使われていたが，二代将軍徳川秀忠を憚ってのちに賢秀を賢弘と改めたという．一方，賢の字は賢弘の兄 2 人と弟ともに用いている字である．これは曾祖父の賢文の時代に，賢文が仕えていた近江の国（現在の滋賀県）の守護である六角定頼の嫡子，六角義賢から賜ったという字であるという．賢弘の父の直恒ももとは賢能で，晩年になってから直恒と改めたのである．

建部家は右筆の家柄である．賢弘の兄弟は誰一人として右筆にならなかったが，父の直恒は徳川家光の時代から将軍に仕えた右筆であり，祖父の昌興は徳川家康や秀忠に仕えた右筆である．曾祖父の賢文は青蓮院尊鎮法親王に書を学び，能書（文字に巧みな人）と呼ばれた人であったが，六角義賢のもとで，織田信長が永禄 11 (1568) 年に京都に進出するのを阻止するために戦い，六角義賢の軍が敗れてのちは，建部郷（現在の滋賀県八日市市）に蟄居し，のちに豊臣秀吉の右筆になった．賢弘が右筆の家に生まれながら，その道を歩かなかった理由はよくわからない．

賢弘は延宝 2 (1674) 年，数え年で 13 歳になった頃より，次兄の賢明とともに関孝和のもとへ入門した．当時，数学書はいくつも刊行されており，その中には非常に丁寧に書かれていて，特に師について教えてもらわなくても理

解できるように編集されている書物もあった．また，『塵劫記』に始まる遺題が流行している時代でもあったから，難問を目にする機会にも恵まれた．このように勉強のしやすい環境があったことも，本人の才能とともに，二人を数学に向かわせた理由でもあったろう．

関孝和は当時，甲府公徳川綱重の家臣で，傑出した数学者であった．関が『発微算法』として刊行したのは延宝 2 (1674) 年，賢弘 10 歳のときである．賢明と賢弘の兄弟は江戸でこの関孝和に入門したのである．

入門後，二人は本格的に数学を学んだ．賢弘の上達は目を見張るほどであったという．賢弘 18 歳のとき，数学者佐治一平の門人の松田正則が『算法入門』を刊行した．この書は実際には佐治一平の著といわれ，上下二巻からなる．上巻は延宝 2 (1674) 年に刊行されていた池田昌意の『数学乗除往来』の遺題の解であるが，下巻には，関孝和の『発微算法』は誤りであるとして，『古今算法記』の遺題に対する新たな解が示されていた．賢弘はこのことに憤慨して，佐治一平が解いた『数学乗除往来』の遺題を自から改めて解いて，天和 3 (1683) 年刊行した．この書が『研幾算法』である．本書は賢弘の最初の刊本となった．

またこの年に賢弘は，師の関孝和と兄の賢明とともに，当時の数学を集大成した数学書を編集することにした．この仕事は元禄時代の中頃に一旦まとまり，『算法大成』12 巻となった．その後，関孝和は老齢のため，また賢弘は幕府での役務多忙のためはかどらず，結局賢明が後半部分も含めて宝永 7 (1710) 年，関孝和の三回忌の年に『大成算経』全 20 巻として完成した．

関孝和の『発微算法』は計算の詳細が書かれていないためきわめて難解で，佐治一平のようにこれを批判するものが現れるのもやむを得ない点もあった．しかも刊行後まもなく，版木屋の火災により版木が焼失してしまったことから，『発微算法』の復刻と，その解説書を作る機運が高まった．そこで賢弘と賢明は貞享 2 (1685) 年に『発微算法演段諺解』を刊行した．賢弘 22 歳のときのことである．本書の第 1 巻は『発微算法』の復刻，第 2 巻から第 4 巻がその詳細な解説である．本書の刊行により，多くの人が関孝和の『発微算法』を理解できるるようになり，また関の傍書法が広まるきっかけとなった．

また，賢弘は元禄 3 (1690) 年，27 歳のときに中国数学書の『算学啓蒙』に詳細な注解を付して『算学啓蒙諺解』を刊行した．『算学啓蒙』は 1299 年

に中国・元の朱世傑によって書かれた数学書である．日本には朝鮮へ出兵した豊臣秀吉の兵が持ち帰ったものといわれている．日本の数学者はこの書によって天元術を学んだ．『算学啓蒙』は，すでに万治元 (1658) 年に土師道雲と久田玄哲によって最初に復刻され，続いて寛文 12 (1672) 年に星野実宣（寛永 15 (1638) 年–元禄 12 (1699) 年）によって注釈本が刊行されたが，これには簡単な註釈がついているだけであった．賢弘は和文（漢字とカタカナの混ざっている文）で本文のほとんどに詳細な解説をつけたのである．この本は当時賢弘が非常に正確に中国伝来の数学を理解していたことを示すものであり，また賢弘の徹底的な勉強ぶりを遺憾なく発揮したものとして興味深い．

ところで，この年，賢弘は甲府公徳川綱豊の陪臣[4]である北條源五衛門の養子になり，名を源之進と改めた．またこの年に兄の賢明は養父である建部昌親の後跡を継いだ．賢明は病弱のため生涯独身であったから，その後弟の賢充を自分の養子に迎えている．江戸時代には家は長男が継ぐものであり，次男以下の男子がほかの長男がいない家に養子に行くことは頻繁にあった．賢弘は跡取りのいない北條源五衛門の家に養子に行き，賢充は跡取りのいない兄の賢明の家に養子に行ったのである．賢明のように実の弟を養子に迎えることも珍しいことではなかった．

北條家へ養子に行ったことがきっかけとなり，2 年後の元禄 5 (1692) 年，29 歳のときに，賢弘は甲府公の徳川綱豊に仕えることとなった．役は納戸番[5]である．綱豊は甲府公とはいっても甲府に住むことはなく，江戸の桜田の屋敷に住んでいたから，関孝和や賢弘も江戸に住んでいた．こうして賢弘は関孝和の同僚になったのである．

ところがしばらくたって，北條の家に男子が生まれた．賢弘は跡を継ぐために養子になったのであるが，男子が生まれたため源五衛門には賢弘が必要でなくなった．そこで，元禄 16 (1703) 年，賢弘は養子を解かれ，実家の建部家に戻ることとなった．その結果，綱豊へ仕えることも叶わなくなったと思われたが，賢弘の優れた才能を認めていた綱豊は切米百俵の新規お抱えとして，賢弘を御小納戸[6]に所属させたのである．賢弘はこれを機に名前を彦次郎と改めた．

---

[4] 家臣の家臣のことであるが，大名の直臣を将軍に対して陪臣と呼ぶこともあった．
[5] 金銀，衣服，調度の管理を担当する役．
[6] 側近の職で理髪や食膳など雑用を担当する．

1.3　中期――家宣，家継に仕えた幕臣時代（41歳～53歳）

中期は家宣，家継に仕えた幕臣時代であり，多忙のため数学の著作は著さなかった．

宝永元年	(1704)	綱豊に従って西城御広敷添番，西城御納戸組頭となる（300俵に加増）．
宝永4年	(1707)	西城御納戸番士となる．
宝永5年	(1708)	関孝和没．
宝永6年	(1709)	綱吉没し，家宣六代将軍となる．三番町に宅地280坪を賜る．西城御小納戸となり，小川町に引越し宅地300坪を賜る．
宝永末頃	(1711頃)	賢明『大成算経』20巻完成．
正徳2年	(1712)	家宣没．
正徳3年	(1713)	家継七代将軍となる．
正徳4年	(1714)	一番町に引越し宅地400坪を賜る，布衣を許される．

宝永元(1704)年，綱豊は五代将軍綱吉の世子（世継ぎ）となり，江戸城の西之丸に移ったので，賢弘も関孝和と同じく西之丸[7]に移り幕府直属の士となった．役は御小納戸に進み300俵になった．宝永4(1707)年には大納戸番に進んだ．翌宝永5(1708)年，数学の師であり，同僚でもあった関孝和が亡くなった．のちに関孝和の後継者といわれる荒木村英の弟子で関流二伝の松永良弼（?–延享元(1744)年）は，友人の久留島義太（?–宝暦7(1757)年）に宛てた手紙で，「関孝和が亡くなった後には建部賢弘がいたが，建部賢弘が亡くなった後，業績を継ぐ人は久留島しかいない」というようなことを述べている．つまり当時からすでに関の数学を受け継いだ数学者として賢弘は語られていたのである．

さて，宝永6(1709)年に徳川綱吉がはしかの療養中に食事をのどに詰まらせて窒息死した．そこで，綱吉の世子であった綱豊が六代将軍となり，名を徳川家宣と改めた．この年の7月18日，賢弘は三番町に宅地280坪を幕

---
[7] 元来は隠居した将軍の隠居場所であるが，二代秀忠，八代吉宗，十一代家斉が居住しただけで，それ以外の期間は世嗣の居住場所であった．

府より賜り，7月22日には納戸番から御小納戸となり，将軍の側に仕えるようになる．将軍の信頼が厚かったが，それだけ多忙な日々を送ることになった．12月三番町の宅地を小川町にある300坪の宅地と換えてもらって住むようになる．宝永7 (1710) 年12月2日には，御印章彫刻により金2枚を賜った．これは賢弘が細工にも巧みだったことを示す例である．

正徳2 (1712) 年の秋，家宣は江戸に流行したインフルエンザに感染し，賢弘は60日余りも家に帰らないで昼夜城に詰めたが，10月14日，肺炎を起こし亡くなった．記録には60日とあるが，実際にはひと月程度だったようだ．19日，亡き骸は増上寺[8]に送られた．断髪した多くの臣の中に小納戸12名がいたが，そこには賢弘もいた．その後賢弘は籠居し喪に服した．

翌正徳3 (1713) 年，家宣の子家継がわずか4歳で七代将軍を相続した．家宣の遺命によって，賢弘は5月に元の役に戻って仕えることになる．同時に一番町に400坪の宅地をもらう．6月からは一番町に転居した．正徳4 (1714) 年の11月26日布衣[9]を着用することが認められた．

家宣，家継に仕えたこの10年間ほどの時期，賢弘は多忙のため数学書を一冊も書かなかった．ただ，宝永の末（1711，改元は4月25日）頃，賢明によって『大成算経』の第13巻から20巻が完成した．すでに亡くなった関孝和，多忙の弟賢弘にかわり，賢明がほぼ20年前に企画した大著を完成させたのである．

1.4 後期——吉宗に仕えた数学・暦術研究時代（54歳〜70歳）

後期は八代将軍吉宗に見出されて，天文・暦学を中心に再び数学研究を進めた時期である．

享保元 (1716) 年，もともと病弱であった兄の賢明が没した．また，この年の4月30日には，将軍の家継が風邪をこじらせて肺炎を起こし亡くなった．わずか8歳であった．家継の埋葬は5月15日に行われたが，賢弘も参列している．将軍が代替わりすると家臣の役務も替わるのが普通であったから，5

---

[8] 現在，東京都港区芝公園にある浄土宗の大本山．徳川家の菩提寺である．二代の秀忠からはじまり計6人の将軍が埋葬されている．ほかの将軍はやはり菩提寺の寛永寺に埋葬されている．

[9] 位官のない者が着用する制服であるが，武士ではお目見以上の中から認められた者が着用した．

1.4 後期——吉宗に仕えた数学・暦術研究時代（54歳〜70歳）

享保元年	(1716)	家継没し，吉宗八代将軍となる．寄合となる．
享保5年	(1720)	武蔵国妙見山の検地をする．
享保6年	(1721)	二丸御留守居となる．
享保7年	(1722)	『綴術算経』，『不休建部先生綴術』，『辰刻愚考』を著す．
享保10年	(1725)	『国絵図』，『歳周考』を著す．
享保11年	(1726)	梅文鼎の『暦算全書』翻訳を命じられ，中根元圭に託す．
おそらくこの頃		『仰高録』によれば，吉宗は暦算書とともに『算法統宗』，『算学啓蒙』，『綴術算経』，『竿頭算法』を手元に置いていたという．
享保13年	(1728)	『累約術』を著す．
享保15年	(1730)	御留守居番となる．
享保17年	(1732)	御広敷用人となる．
享保18年	(1733)	致仕．
元文4年	(1739)	没．

月16日に賢弘は任務がなくなり寄合[10]となった．
　同年8月，紀伊藩藩主として声望の高かった徳川吉宗が八代将軍となった．これより数年間の賢弘の消息は不明なのであるが，享保4 (1719) 年，吉宗より日本総図の製作を命じられ，享保8 (1723) 年に完成している．また享保5 (1720) 年の3月には，これも吉宗の命によって，武州国妙見山牟礼瀧山などを測量している．同年11月，天文・暦算に詳しく顧問にも与っているとの理由で，金30両を賜る．天文・暦算について将軍の顧問的な役を果たしていたことになるのであろう．その翌年，享保6 (1721) 年2月には江戸城二の丸[11]の御留守居[12]になった．
　享保7 (1722) 年，59歳のとき，賢弘のもっとも輝かしい業績の一つであ

---
[10] 江戸幕府の直参組織で，一万石未満で三千石以上の無役の者をいう．
[11] もともとは将軍の遊興用の御殿として建てられ，慶安3 (1650) 年頃には本丸御殿様式に改造されたが，将軍世嗣が居住したり，前将軍の正室が居住するなど，定まった用途はなかったようだ．吉宗は世嗣時代，西の丸が工事中だったため二の丸に居住した．
[12] 二の丸の留守を預かる役．

る円弧の長さの無限級数展開に成功し，これを『綴術算経』に記して，その後吉宗に献上した．『綴術算経』と数学的にはほぼ同じ内容のいわゆる『不休建部先生綴術』もこの頃書かれ，広く流布した．享保 10 (1725) 年の 10 月には諸国の地図を製作したことで金 5 枚と時服[13]を賜った．

この時期の賢弘は吉宗の信頼を得て，暦算を中心とした著作を残している．『辰刻愚考』（享保 7 (1722) 年），『歳周考』（享保 10 (1725) 年）などである．また，『算暦雑考』，『弧率』などの日付のないものもある[14]．

享保 11 (1726) 年，吉宗は長崎に舶来してきた中国語の暦算書『暦算全書』（梅文鼎 (1633–1721)）の翻訳を賢弘に命じた．賢弘はこれを暦算，数学に詳しい中根元圭（寛文 2 (1662) 年–享保 18 (1733) 年）に託した．中根は享保 13 (1728) 年に訓点を完成し，賢弘はこれに序文を寄せた．この翻訳は全部で 46 冊にものぼる膨大なものである．同年 8 月 18 日，賢弘は天文・暦算に対して再び褒美を賜った．この日には賢弘の養子の秀行が小納戸になっている．賢弘には娘が一人がいるだけであったので，一族の建部昌純の子秀行を養子として娘と添わせ，跡を継がせたのである．

享保 15 (1730) 年 5 月，67 歳になった賢弘は御留守居番[15]に替わり，同 17 (1732) 年 3 月 1 日に御広敷の用人[16]となった．その翌年，享保 18 (1733) 年 2 月 11 日寄合となり，12 月 4 日に隠居の身となった．その折，養老の糧として 300 俵を賜っている．この年，賢弘は 70 歳である．

それから 6 年後の元文 4 (1739) 年 7 月 20 日，76 歳で亡くなった．法名を道全といい，父の眠る小日向服部坂上の龍興寺[17]に葬られた．明治になって現在地に移転した際，同寺に葬られた建部一族を一緒にしたため，寺に残る過去帳には法名が記載されているが，墓石には賢弘の法名（道全）はない．

---

[13] 毎年，春と秋，または夏と冬の 2 季に朝廷や将軍などから諸臣に賜った衣服のこと．
[14] 一般に日付のない著作の執筆時期の確定は慎重を要する問題で，これらの著作がこの時期かどうかも即断はもちろんできない．
[15] 大奥の警備や奥向きの用をつかさどる役．
[16] 御台様（奥方）や姫君（娘）の秘書役．広敷は大奥の一角の名称．
[17] 寛永 6 (1629) 年に開山し，何度も移転して，寛文 9 (1669) 年に小日向の地に移ってきた．当時は旗本寺の異名でも呼ばれて，桜の名所としても知られていたようだ．明治 42 (1909) 年，現在の東京都中野区上高田の早稲田通りに移った．

第2章 建部賢弘の著作

　賢弘の著作については，前章と重複する部分もあるが，紹介しておこう．本章では，初期，後期，著作年代不明の三つに分ける．刊本である『研幾算法』，『発微算法演段諺解』，『算学啓蒙諺解』については少し詳しく述べ，そのほかの著作については簡単に述べることにする．

　ところで，関孝和や賢弘にとって暦の計算は重要な問題であった．そのため，彼らは暦に関する著作も多数残している．しかし残念ではあるが，本書ではそれらについて詳しく述べることはせず，若干の著作の概要だけにとどめておく．

2.1 初期の著作

2.1.1 『研幾算法』（天和3 (1683) 年）

　『研幾算法』は，池田昌意の『数学乗除往来』の遺題49問を解いた書で，「天和癸亥七月哉生明」付けの賢弘の序文と，「天和癸亥七月下弦日」付けの関孝和の跋（あとがきのこと）がある．天和癸亥は天和3 (1683) 年，哉生明は三日月の別称で，三日月の出る日，つまり陰暦の毎月3日のこと，また下弦日は7, 8日頃のことである．関の跋のあとに「天和三癸亥年九月　三条通菱屋町福屋林伝左衛門尉板行」と出版者が書かれている．

　これらの日付からまず考えられる出版の経緯は次の通りであろう．まず，天和3 (1683) 年7月3日に賢弘は本書の序文を書き脱稿し，その原稿を関孝和の元へ持参したところ，関が4, 5日のうちにこれに跋文を与えた．その後ただちに原稿は本屋に渡され，同年9月に京都三条通菱屋町にあった福屋という本屋から出版されたということである．本屋の住所は京都であるが，江戸の支店で刊行されたのかもしれない．しかし，いずれにせよ脱稿してから

14　第 2 章　建部賢弘の著作

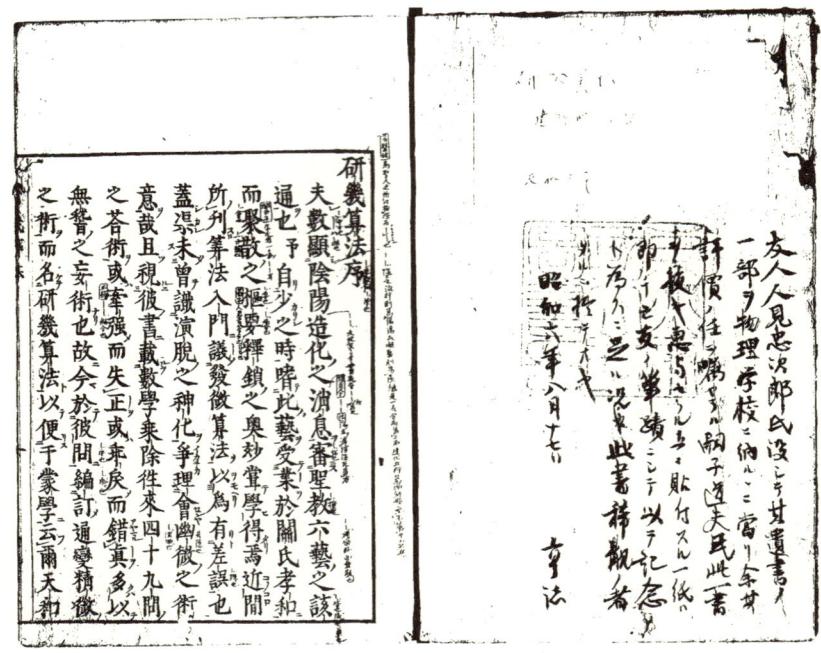

図 2.1　建部賢弘『研幾算法』（東北大学狩野文庫 7.31325.1，1 丁表）．冒頭部分．右は本書の由来を記したもの．このような書き込みはその本の履歴をたどるために重要なものである．特に古い時代の人物の書き込みは貴重である．

2, 3 ヶ月での刊行である．関による跋文以外は 7 月 3 日以前に本屋に渡っていて，関の跋文全体は埋木（彫りなおすために版木に別の木を埋めあわせること）によるものかもしれない．この間の事情は詳しくはわからない．

　それはともかく，序文を現代語訳しておこう（図 2.1 参照．原文には段落がないが，読みやすくするために適当に段落を改めた）．

　　研幾算法序
　　数学というものは陰と陽による万物創造の様子を明らかにし，聖人の教え，六芸の概要を理解するものである．
　　わたしは少年の頃よりこの芸を好み，関孝和先生にそのわざを教授していただき，いろいろな術の要点，術のつながりの奥義を学び得ることができた．

2.1 初期の著作

　近頃刊行された『算法入門』には『発微算法』に錯誤があるという．わたしが思うには，著者はまだその演段が非常に優れていることを知らないのであるから，どうしてその術の深い意味を理解できようか．また同書に載っている『数学乗除往来』49問の答術を見ると，こじつけて正しくなかったり，道理をはずれて誤っている．その多くは根拠のないでたらめの術である．

　そこで今，これらの問題について不変の精密な術をまとめあげ，『研幾算法』と名づける．これによって初学者の便に供する．以上．

　天和3年7月3日，序を記す

　源姓建部氏賢弘　源（印）　　賢弘之印（印）

「研幾」という語の由来は『易経』周易繋辞上伝にある

　夫易聖人之所以極深而研幾也
　夫易は聖人の深きを極めて幾を研する所以なり
　易というものは聖人が深遠な道理を極め，物事の幾を究明する
　ためのものである

による．当時，儒学，道学の主だった書物は教養として必須であり，賢弘もそのような書物を多く読んでいた．そして，そういう書物の中から適切と思われる語を書名として用いたのである．このような書名のつけ方は江戸時代の書物では常套手段であった．

　さて，この序文には刊行の動機が極めて明瞭に述べられている．それは『算法入門』（図2.2）が，関が延宝2 (1674) 年に刊行した『発微算法』は誤っていると論難したからである．数学は元来，良し悪しはともかく，正しいか正しくないかは明快な学問である．賢弘は当時すでに，『発微算法』での関の傍書法による解法が正しいことを知っていたに違いない．賢弘は『算法入門』の著者，松田正則，あるいはその師である池田昌意が傍書法をいまだ理解せずに，関の解法が誤っていると断定したことに憤慨したのである．『算法入門』は上下2巻からなり，上巻では『数学乗除往来』の遺題49問を解き，下巻では『発微算法』の誤りについて論じ，自作の9問に自答している．賢弘はまず『算法入門』に解かれている『数学乗除往来』の遺題49問を傍書法を用いて解いたに違いない．その結果，『算法入門』に多くの誤りを発見して，反駁

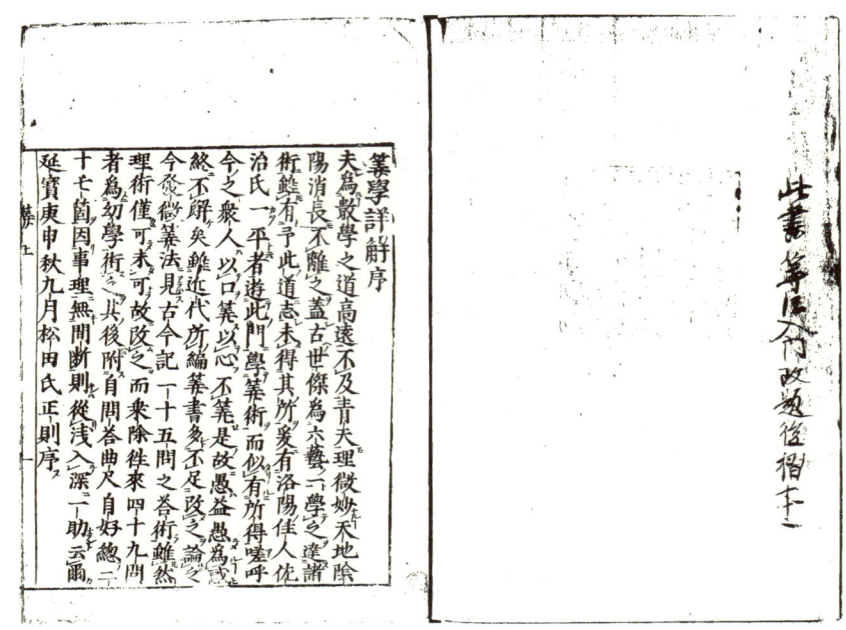

図 2.2　松田正則『算学詳解』（東北大学狩野文庫 7.31346.1，1 丁表）．序部分．『算学詳解』は『算法入門』を解題して宝永 2 (1705) 年に刊行されたもの．8 行目から 9 行目にかけて，「今，『発微算法』に『古今算法記』の十五問の解答が見える．しかしその理，術はわずかな部分だけが正しく大半は正しくないから，これを訂正する」という意味のことが書かれている．

の意味も兼ねて『研幾算法』を出版したのである．

　ところで，この序文に対する関孝和の跋（あとがき）は以下の通りである．

> 『研幾算法』は門人の建部氏賢弘がまとめたものである．本書を見ると，全体に一つの理が貫通した深い考察が発揮されている．まことに難題を解くときの標準である．数学は真っ直ぐな道である．わずかでもそれをはずれると，その差異は千里といってもよい．近年，邪説をつくり，世間を惑わし，人々をそそのかす者が非常に多い．学者はこのことをよく考えてみるべきである．
> 　時に天和 3 年 7 月 7 日　記す
> 　藤原姓関氏孝和　藤（印）　孝和之印（印）

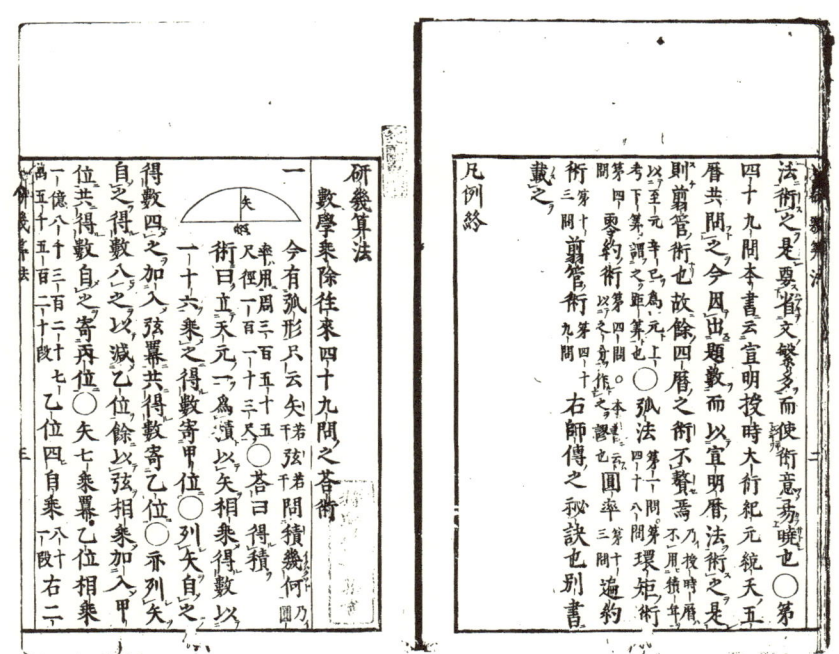

図 2.3　建部賢弘『研幾算法』(東北大学狩野文庫 7.31325.1, 2丁裏〜3丁表). 第1問冒頭部分. 矢 (「や」または「し」) と弦の長さから弓形の面積を求める問題である. 円周率は 113/355 を用いよ, とある.

賢弘の憤懣やるかたない口吻とは対照的に冷静な文章である. 賢弘の憤りに沿いつつも, もう少し大きな境地に立っているようにも感じる. このとき賢弘19歳, 関は40歳前後であった. 関と賢弘の師弟関係を髣髴とさせる序と跋である.

問題の大半は直角三角形に関する問題であるが, そのほかに, 興味を引く問題としては,

1. 円弧の高さ (当時は「矢」と呼ばれた) と弦が与えられたとき, 弓形部分の面積を求める問題 (第1問, 図2.3).
2. 一辺と直径が与えられたとき, 正 5, 7, 9 角形の面積を求める問題 (第2問).

3. 円に内接する五角形が与えられたとき，円の直径を求める問題（第3問）．
4. 円周率（十進値，近似分数）を求める問題（第4問）
5. 積年を求める暦術に関する問題（第49問）．

などが含まれる．ただしこれらの問題は『数学乗除往来』の遺題であって，賢弘が設定した問題ではないことに注意しておこう．

2.1.2 『発微算法演段諺解』（貞享2 (1685) 年）

『発微算法演段諺解』は，関孝和の『発微算法』（延宝2 (1674) 年）を解説した書であり，元，亨，利，貞の四巻よりなる（「元亨利貞」は易の言葉で，四冊本の書物の順序を示すのによく用いられた）．以下では順に第1巻，第2巻，...というように呼ぶことにする．本書は関孝和の傍書法による解法を公表した点が重要である．問題そのものは『古今算法記』の遺題15問である．本書を見ると，関や賢弘の時代の解法の様式を直接知ることができる．

数学的には，多元高次の連立方程式から未知数を消去して，未知数が一つの高次方程式を得る方法が，問題ごとに具体的に述べられている．

出版の経緯について，まず，第1巻冒頭の賢弘による序を現代語訳しておこう（図2.4）．

> 『発微算法』は孝和先生が『古今算法記』の15問に解答した書である．『発微算法』は延宝2 (1674) 年に出版されたが，その後，延宝8 (1680) 年に本屋に火事があり版木が消失してしまった．
>
> さて，近頃の全国の数学者は先生の方法の深い意義を知らず，本当は解答できていないものをあたかも解答したかのように見せかけていると疑い，類題を出題して解けるかどうか試したり，あるいは間違っているとしてかえって自ら間違えている．わたしは機敏ではないが先生に学んでほぼその数学を会得した．そこで世の人々の種々の疑惑を解消しようとして，『発微算法』のすべてに解説をつけ，元の『発微算法』と合わせて全部で4巻とする．
>
> そもそも先生の解法は日本，中国の数学者がいまだ発明していないものであり，先生の新しい解法のすばらしさはずば抜けている．先生にはもうひとつすばらしい解法があるが，普通の水準を越えているのでここには載せない．

發微算法演段諺解元巻
序
発微算法ハ孝和先生古今算
法記ノ十五問ニ答テ術ヲ施ス所
ノ書也延寳甲寅ノ歳梓ニ鏤
メテ世ニ行ハル後庚申ノ歳書
肆ニ有火板焼ヒンタリ嘗テ思フ
ニ近世都鄙ノ集者彼ノ術ノ

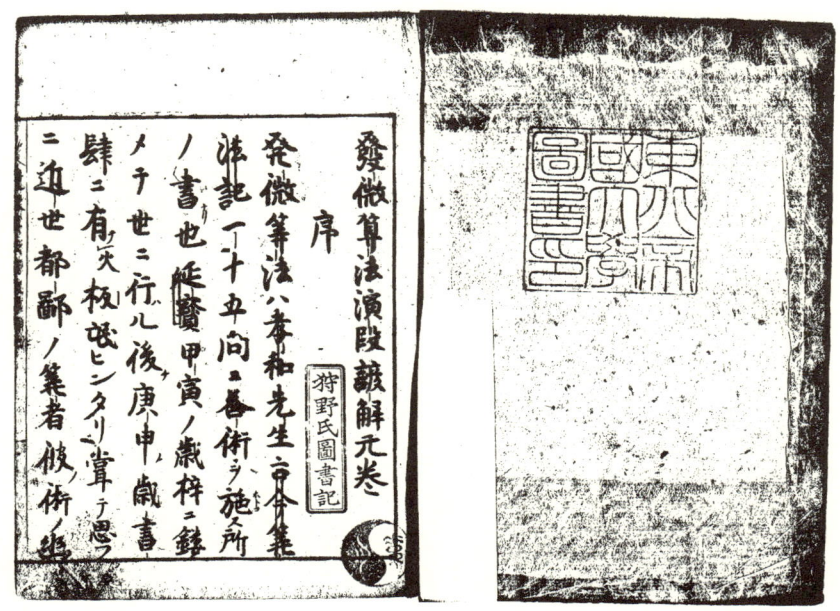

図 **2.4** 建部賢弘『発微算法演段諺解』(東北大学狩野文庫 7.20571.4, 1 丁表). 元巻序部分.「古今算法記」という文字が二本棒で削除されているように見えるが, これは書名であることを示すための朱書きである. よくみると, その上の「孝和」には一本線, 3 行目の「延宝」には左に二本線が引かれている.

この書に書かれていることを熟読すれば次第に間違えないようになるだろう.

貞享 2 (1685) 年季夏 (陰暦 6 月) 序　建部賢弘

『古今算法記』というのは澤口一之(さわぐちかずゆき)が寛文(かんぶん) 11 (1671) 年に刊行したもので,『改算記(かいざんき)』と『算法根源記』の遺題に答えたものである. 澤口一之は中国から伝来した天元術を始めて理解した一人である.

『古今算法記』には最後に遺題 15 問が付されていて, 関孝和はこの 15 問を解いて,『発微算法』を出版した (図 2.5).

しかし,『発微算法』には解を得るための方程式が述べられているだけで, しかもその方程式が複雑であったから,『発微算法』を読むだけでは, どのようにしてその方程式が得られるのか推測することがほとんど困難であった.

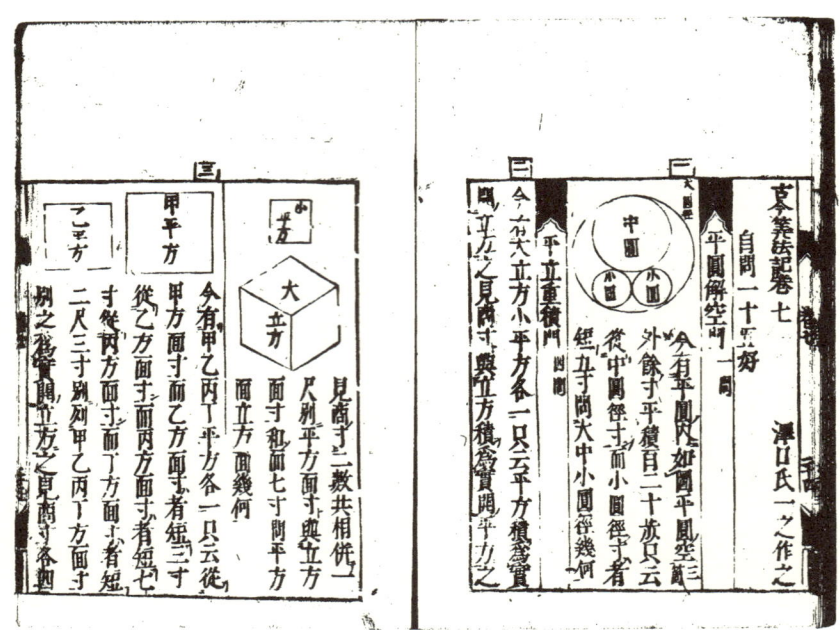

図 2.5 澤口一之『古今算法記』（東北大学狩野文庫 7.20080.6, 24 丁表〜裏）．巻六，遺題部分．関は傍書法でこれらの問題を解き，賢弘はその解法を『発微算法演段諺解』で公開した．

また，関の述べた方程式は次数が概して高く，実際に解くことは不可能なものも多かったから，その方程式があっているかどうか，真偽の確かめようがなかったのである．そのため『発微算法』を見た数学者は，その解の真実性を疑ったのである．当時，問題に対して解を得るための式のみを述べるのは正統であり，関孝和もそれにしたがって『発微算法』を著したともいえるが，なぜもっと詳細な著作としなかったかについては，『発微算法』の序の中に関自身が次のように述べている（上記，賢弘の序に続く部分に収録されいる）．

　　（……）わたしは数学をこころざし，数学のかすかなしるし（微意）を明らかにし（発し），『古今算法記』の遺題に解答をつけて，それを隠して外見しないようにしていた．ところが門下の者が「ぜひ出版してそれを広く教示してください，そうすれば初学者の役に立つこともあ

2.1 初期の著作

りましょう」というので，文章，道理の拙さも省みず，求めに応じることにして，『発微算法』と名づけた．その解答の流れは大変精密で，文も煩雑で，読者に混乱を与えるから省略する．(……)

関の序文のこの部分を読むと，まず『発微算法』という書名の由来が「微意を発する算法」であることがわかる．そして，解答を与える方程式を得るまでの解法の手順（演段）はこの場合非常に複雑で，読者に混乱を与えるから，これを省略したことがわかる．

しかし，この配慮のためにかえって，本書は当時の数学者の理解を超えてしまった．そして「関は本当は解いていないのをそれらしくごまかしている」として類題を出して，関やその周辺の数学者を試したり，あるいは「関は間違っている」として別の書物を著す者も現われたのである．その典型となる書物が佐治一平の門下の松田正則編の『算法入門』（延宝 8 (1680) 年序）である（図 2.2）．そこには

今，『発微算法』に『古今算法記』の 15 問の解答が見える．しかしその理，術はわずかな部分だけが正しく大半は正しくないから，これを訂正する

とある．この批判に反論し，関孝和に寄せられた汚名をそそいだのが賢弘の『発微算法演段諺解』であった．

前述のように『算法入門』の上巻は『数学乗除往来』の遺題を解いたもの，下巻『発微算法』の誤りを正すとするものであった．賢弘は本書を遡ること 2 年，天和 3 (1683) 年に『研幾算法』を刊行して，『算法入門』に反論しているが，『研幾算法』は『算法入門』の上巻に対する反論であり，『発微算法演段諺解』は『算法入門』下巻に対する反論である．つまり賢弘は『算法入門』に対して，2 冊の本をもって反論したことになる．『算法入門』が出版された天和元 (1681) 年以降，天和 3 (1683) 年まではその上巻に対する反駁として『研幾算法』を執筆し，それ以降の貞享 2 (1685) 年までは下巻に対する反駁として『発微算法演段諺解』したと考えられる．

ところで，『発微算法演段諺解』序文の最後に述べられている「すばらしい解法」とは終結式による計算であろうとされている．

『発微算法演段諺解』発刊の経緯を示すもう一つの記述が，本書に寄せた関

自身による跋に見られる．今，それも現代語訳しておこう．

> 数学は何のためにあるのか．難しい問題もやさしい問題もすべて解くことのできる解法を学ぶためである．その説く理が高尚であっても，実際に問題を解くことのできない者は数学の異端である．
> ある日，門人の建部氏三兄弟がそろって来て，「すでに『発微算法演段諺解』ができ上がりました．『発微算法』に付してこれを刊行してもよろしいでしょうか」と言った．わたしは「まだ解法の深いところを尽していないが，世の人々の混迷を啓蒙するためにこのような書もまた良いかもしれない．ただ，本書が広まり却って真実が誤られるのではないかと恐れるだけである」と返答した．これから学ぶ人が本書の内容をおろそかにしなければ幸いである．
> 貞享2（1685年）年孟穐（しゅう）（7月）関氏孝和しるす

この跋を読むと，建部三兄弟，すなわち賢明，賢弘，賢之の三人がある日できあがった『発微算法演段諺解』を持ってきて，出版の許しを請い願ったことがわかる．それに対して，関は啓蒙のために資するものがあると感じて，これに許可を与えたが，一抹の不安も感じていた．すなわち，本書が注意深く読まれずに，誤って理解されることである．また，関は自分の発明した傍書法の「深いところを尽していない」ともいっている．跋の冒頭にもあるように，関は数学とは難易を問わず全ての問題を解くことのできる解法を学ぶことだと考えている．関は自らの発明した傍書法を用いた数学によって難易を問わず全ての問題を解くことのできるとの確信を持っていたのかもしれない．それは極端としても，今よりもさらに前に進むことができると考えたのに違いない．それが未だ十分でないため，刊行にいささか躊躇したのである．

賢弘だけでなく，やはり関の門人であった兄賢明，弟賢之の2人も『算法入門』に憤慨していたに違いない．彼らがどの程度『発微算法演段諺解』の完成に貢献したかはわからないが，『算法入門』が賢弘だけでなく，関の門人全体（どのくらいいたのかははっきりしないが）に対しても大きな波紋をひき起こしていたのは当然であろう．それに対して，関孝和はここでもあくまでも冷静な書きぶりに終始しているように思える．

2.1.3 『算学啓蒙諺解』（元禄 3 (1690) 年）

　『算学啓蒙諺解』は，中国の朱世傑によって 1299 年に著された数学書『算学啓蒙』に詳しい注解を施した書である．『算学啓蒙』は万治元 (1658) 年に久田玄哲，土師道雲によって返り点などの訓点が施されて刊行され，また寛文 12 (1672) 年には星野実宣によって簡単な注を付して刊行されていたが，賢弘の詳細な注解によって『算学啓蒙』は多くの人びとに理解できるものとなった．

　本書の注解部分を読むと，一字一句に注を施すほどの意気込みであり，賢弘がいかに解読に努力をしたかがわかる．たとえば，第 1 巻の「新編算学啓蒙総括」という表題について，賢弘は

　　　　新編アラタニアム也，総括スベククル也

と注釈をつける徹底さである（図 2.6）．精読するとはまさにこういう読み方のことをいうのであろう．語義について若干の疑義のあるところや，数学的に難しい一部分の注釈が抜けているが，当時としてはこれ以上望めないほど精確な注解が施されている．ところで，「諺解」とは「口語での解説」という意味であり，賢弘『算学啓蒙』を講じたらこのような口調ではないかと思われる．まさに，謦咳に接するの感がある．

　『算学啓蒙』で用いられている用語の中には，そのまま江戸時代の数学において用いられたものも多い．一例を挙げれば，「実」，「法」や，「実如法而一」などがそうある．「実」や「法」は算盤上の位置の名前であるが，われわれの言葉でいえば，方程式 $ax - b = 0$ における定数項 b，1 次の係数 a にそれぞれ該当する．これから転じて，割算 $b \div a$ における被徐数 b を実，除数 a を法と呼ぶようになった．また，この割算を実行する事を「実を法の如くして一にす」といった．これは実を法で割ることを示す専門用語で，法を 1 にしたときの実の値という意味である．

　もとの『算学啓蒙』は 4 巻本で，総括，上，中，下に分かれて全部で 137 丁である．これに対して，賢弘の注釈書『算学啓蒙諺解』は，全部で 219 丁からなり，総括，上本，上末，中本，中末，下本，下末と 7 巻構成となっている．

　『算学啓蒙』の総括には，次のように 18 項目の基礎的事項がまとめられている．

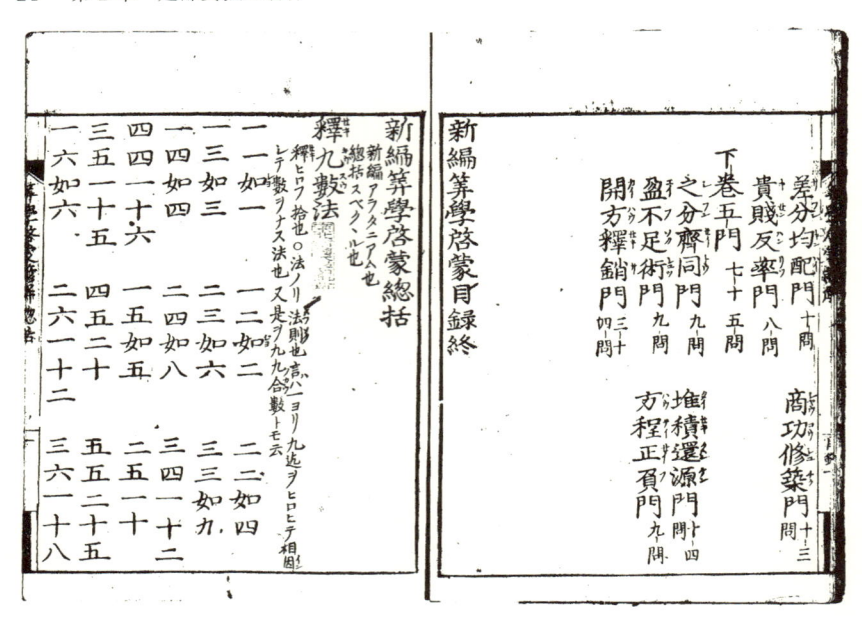

図 2.6 建部賢弘『算学啓蒙諺解』(東北大学林集書 1165, 3 丁裏〜4 丁表).第一巻本文冒頭部分.大きな漢字部分が原文で,漢字カタカナ混じりの小さな字の部分が賢弘による注釈.この本は津軽藩旧蔵書である.

1. 釈九数法	2. 九帰除法	3. 斤下留法	4. 明縦横訣
5. 大数の類	6. 小数の類	7. 求諸率類	8. 斛斗起率
9. 斤秤起率	10. 端匹起率	11. 田苗起率	12. 古法円率
13. 劉徽新術	14. 沖之密率	15. 明異名訣	16. 明正負術
17. 明乗除段	18. 明開方法		

　全部を紹介する余裕はないが,「釈九数法(せききゅうすうほう)」と「九帰除法(きゅうきじょほう)」についてだけ簡単に触れておこう.最初の「釈九数法」は図 2.6 をみてもわかるように,いわゆる九九のことである.しかし図を注意深く見ると,われわれが学ぶ九九とは並べ方が異なっていることがわかる.たとえば,2 の段は「一二,二二」,3 の段は「一三,二三,三三」,4 の段は「一四,二四,三四,四四」というように,二番目の数でまとめられている.これは被乗数を先に,乗数をあとに書いているからである.また,2 の段では「二二」までゆくと終わってし

2.1 初期の著作　25

まい,「三二, 四二, ...」はない．3の段でも「三三」までゆくと終わってしまい,「四三, 五三, ...」はない．つまり九九とはいっても, $m \times n\ (m \leqq n)$ の分しかないわけである．

　これは覚えるのを省略したわけではない．実はこれ以外のものは「割り算用の九九」として使っていたのである．それを述べたのが次の「九帰除法」である．

　たとえば, 2 の段, 3 の段, 4 の段は

　　　　二一添作五
　　　　三一三十一, 三二六十二
　　　　四一二十二, 四二添作五, 四三七十二

である．これらはそろばんで割り算をするときに用いられたもので,「二一添作五」というのは 2 で 1 を割るとき, 1 を払い 5 を加える（添え作る）という意味である．これを現代的に書くと $1 \div 2 = 0.5$ あるいは $10 \div 2 = 5$ ということになる（そろばんでは 1 の位を適宜自由に決められるから, 一意的には書けない）．「三一三十一」というのは 3 で 1 を割るとき, 1 を払い 3 を加え, さらに右隣に 1 を加えるという意味である．「三二六十二」というのは 3 で 2 を割るとき, 2 を払い 6 を加え, さらに右隣に 2 を加えるという意味である．4 の段以下も同様である．たとえば, そろばんで 1 を 3 で割るときは,

　　　　————————　被徐数の 7 を置いたところ
　　　　　　1

　　　　————————　「三一三十一」によって珠が変化したところ
　　　　　3　　1

　　　　————————　「三一三十一」によってさらに珠が変化したところ
　　　　　3　　3　　1

というように,「三一三十一」と唱えながら, 珠を動かしてゆけば, $1 \div 3 = 0.33 \cdots$ がいくらでも計算できる．なお, $7 \div 3$ などのように被徐数のほうが除数以上のときは「逢三進成十」といって, 7 のうちの 3 を払い左隣に 1 を加えるのである．この場合はさらにもう一度「逢三進成十」といって, 4 のうちの 3 を払い左隣に 1 を加える．そうして被徐数が除数より小さくなったところで

「三一三十一」によって1を払い3を加え，右隣に1を加えるのである．こうして7を3で割ると，2.3余り0.1であることがわかった．そろばん上の珠の変化を図示すると次のようになる．

$$\frac{5}{2}$$ 被徐数の7を置いたところ

$$\frac{}{1\ \ 4}$$ 「逢三進成十」によって珠が変化したところ

$$\frac{}{2\ \ 1}$$ 「逢三進成十」によってもう一度珠が変化したところ

$$\frac{}{2\ \ 3\ \ 1}$$ 「三一三十一」によって珠が変化したところ

賢弘は以上のような割り算用の九九を用いた割り算のほかに，現代と同様の割り算も「商除法」として述べている．

なお，次章では「明正負術」（正負を明らかにする術）について触れる．

さて，巻の上中下は次のような構成である．

『算学啓蒙』	『諺解』		
巻上	上本	1. 縦横因法門	2. 身外加法門
		3. 留頭乗法門	4. 身外減法門
		5. 九帰除法門	
	上末	6. 異乗同除門	7. 庫務解税門
		8. 折変互差門	
巻中	中本	1. 田畝形段門	2. 倉屯積粟門
		3. 双拠互換門	4. 求差分和門
	中末	5. 差分均配門	6. 商功修築門
		7. 貴賎反率門	
巻下	下本	1. 之分斉同門	2. 堆積還源門
		3. 盈不足術門	4. 方程正負門
	下末	5. 開方釈鎖門	

ここでは章立てを紹介するだけにとどめるが，次章では「開方釈鎖門」に
かいほうせきさ　もん

ついて少し詳しく触れる．

2.1.4 『大成算経』（宝永末 (1711) 頃）

『大成算経』の最初の 12 巻は元禄中頃，13 巻から 20 巻は宝永末頃完成した（図 2.7）．賢弘が主に関わったのは第 12 巻までで，13 巻以降は賢弘の兄賢明によるものとされている．『建部氏伝記』に賢明は次のように書いている．

> 凡和漢の数学，その書最も多しといえども，未だ釈鎖の奥妙を尽さざる事を嘆き，三士相議して天和三年の夏より賢弘其首領と成て，各新に考え得る所の妙旨悉く著し，就て古今の遺法を尽して，元禄の中年に至て編集す．総十二巻，算法大成と号して粗是を書写せしに，事務の繁き吏と成され，自ら其微を窮る事を得ず．孝和も又老年の上，爾年病患に逼られて考倹熟思する事能わず．是に於て同十四年の冬より賢明官吏の暇に躬ら其思を精する事一十年，広く考え詳に註して二十巻と作し，更に大成算経と号て手親ら草書し畢れり．（此書天和の季に創て宝永の末に終る．毎一篇校訂する事数十度也．此功を積むに因て総て二十八年の星霜を経畢んぬ．）然れ共，元来隠逸独楽の機ある故，吾身の世に鳴る事を好まず．名を包み徳を隠すを以て本意とする者なれば，吾功悉く賢弘に譲て自ら癡人と称す．

引用の 2 行目にある「三士」とは関孝和，賢弘，賢明のことである．天和 3 (1683) 年の夏より始めて，元禄の中頃 12 巻が一旦完成し，これを『算法大成』と名づけたが，賢弘は忙しく，関も病を得たので，元禄 14 (1701) 年の冬からは賢明が引き続き仕事をすすめ，11 年を経て全 20 巻の『大成算経』が完成したというのである．宝永 7 (1710) 年か正徳元 (1711，改元は 4 月 25 日) 年に完成するまでに，一篇ごとに校訂すること数十度だったという．このため，賢明によって最初の 12 巻がどの程度再編されたのかは不明であるが，『大成算経』にもっとも深く関わったのは賢明ということになる．

各巻の巻名，項目を一覧すると次のようになる．

首篇 総括（算数論，基数，大数，小数，異名，度数，量数，衡数，鈔数，縦横，正負，上退，用字例）
第 1 巻 五技（加，減，因乗，帰除，定位，商除，開方）
第 2 巻 雑技（相乗，帰除，又（別法），開方）

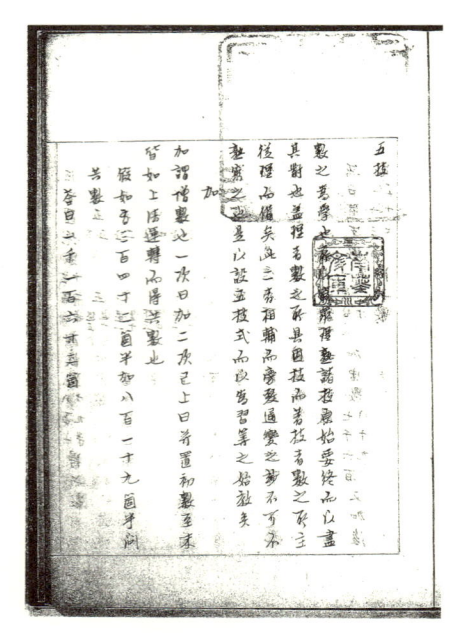

図 2.7 建部賢明, 賢弘, 関孝和『大成算経』(東京大学 T20:71, 1 丁表). 巻一冒頭部分. 全 20 巻のうち, 12 巻までは賢弘を中心として執筆されたが, 13 巻以降は仕事が多忙となったため, 賢弘の兄, 賢明によってまとめられたという. 前半の再編の可能性もある. 本書は南葵文庫蔵の榊原霞州関連の写本「五技」. 図 2.9『不休建部先生綴術』と同系統の写本.

第 3 巻　変技 (加減, 乗除, 解方)
第 4 巻　三要 (象形, 満干, 数)
第 5 巻　象その 1 (互乗, 畳乗, 梁積)
第 6 巻　象その 2 (之分, 諸約, 翦管)
第 7 巻　象その 3 (聚数, 計子, 験符)
第 8 巻　日用術その 1 (穀類, 金類, 銀類, 銭類, 服類, 舂耗, 税務, 数量, 運傲, 利足, 送輸, 互換)
第 9 巻　日用術その 2 (差分, 均分, 逐倍, 盈朒, 方程, 堆積)
第 10 巻　形法その 1 (方, 直, 勾股, 斜)
第 11 巻　形法その 2 (角法, 角術)
第 12 巻　形率 (円, 弧, 立円, 球缺)

第 13 巻　　求積（平積，立積）
第 14 巻　　形巧その 1（截，折，容）
第 15 巻　　形巧その 2（載，繞）
第 16 巻　　両儀（全題，病題，実術，権術，偏術，邪術）
第 17 巻　　全題解（見題，隠題，伏題，潜題）
第 18 巻　　病題議（転題，繁題，屑題，反題，所題，変題，□題[1]
第 19 巻　　演段例その 1（隠題例，伏題例）
第 20 巻　　演段例（潜題例）

　本書の主要な関心は，個々の解法の技術もさることながら，まず第一に象，形という数学の対象の分類にある．ここで「象は未だ顕れざるをいい，形は已に顕れたるをいう」と規定されている．形は平面図形，立体図形の総称であり，象はそれ以外の対象である．これらにはいずれも数が付随していると考える．その数を明らかにすることが数学である．また，満，干という分類も重要な概念として述べられる．「満干はもと象形に属し，全，極，背の三科あり．満は増なり．その至る所遂に窮まりなし．干は損なり．その至る所已に尽くるあり．全は物理の常に用うる所，極は窮まる所，背は相反なり」と述べられている．象形の持つ数の意味のある範囲において，満とは数を増加させること，干は数を減少させることである．しかしこの部分はきわめて難解であり，解読に関する論文も数えるほどしか書かれておらず，本書の研究は端緒についたばかりといういうべきである．

　『大成算経』は本文自体の理解がすでに困難を伴うものであるが，もう一点大事なことは，『大成算経』には関孝和の主要な業績が敷衍されたかたちで含まれているということである．今，佐藤賢一氏の研究によってそのおおよその対応を一覧すると次のようになる（括弧内が関の著作）．

第 3 巻　　開方（『開方飜変之法』，『開方算式』）
第 5 巻　　畳乗，垜積（『括要算法』巻元）
第 6 巻　　諸約，翦管（『括要算法』巻亨）
第 7 巻　　聚数，計子，験符（『方陣之法・円攢之法』，『算脱之法・験符之法』）
第 11 巻　　角方，角術（『括要算法』巻利）
第 12 巻　　円，弧，立円（『括要算法』巻貞）

---
[1] □は欠字．

第 13 巻　求積（『求積』,『毬闕変形草』）
第 16 巻　両儀（『題術弁議之法』）
第 17 巻　見題，隠題，伏題（『解見題之法』,『解隠題之法』,『解伏題之法』）
第 18 巻　病題議（『病題明致之法』）

このように関孝和の業績を考える上でも『大成算経』の研究は必須というべきである．

ところで，図 2.7 の写本は紀州藩儒の榊原霞州（貞享元 (1684) 年–寛延元 (1741) 年）によるものである．霞州は『大成算経』の全巻を写本し，これを紀州徳川家に納めたのである．現在これらは東京大学総合図書館に所蔵されているが，一括したものではなく，各巻が別々の本として登録されている．霞州は『大成算経』のほかにも『不休建部先生綴術』,『授時暦術解』,『暦義議』,『授時暦数解』,『授時暦立成』,『関氏雑書』を写本している．賢弘と同時代の霞州の写本は貴重であるが，写本に関わる事情については不明な点が多い．吉宗は父の光貞が元禄 3 (1690) 年に榊原篁州に執筆させた『大明律諺解』の参訂を篁州の子，霞州と鳥居春沢に命じ，正徳 3 (1713) 年に完成させている．吉宗は『明律』,『楽書』,『和剤局方』, 馬術, 地誌, 天文などについて「自ら購得した書物を，能力のある者に渡して研究させ，その結果を吸収していたし，必要とあればプロジェクト・チームを編成して作業をやらせた」（大庭脩『漢籍輸入の文化史』研文出版，1997 年，249 ページ）が，数学においてこのような仕事を賢弘や霞州に命じたという記録はない．

2.2　後期の著作

2.2.1　『綴術算経』,『不休建部先生綴術』（享保 7 (1722) 年序）

『綴術算経』,『不休建部先生綴術』の二書は非常によく似た内容を持っているが，『綴術算経』（図 2.8）は将軍吉宗に献上されたためほかに写本は存在せず，一方『不休建部先生綴術』（図 2.9）には多くの写本が残っている．なぜよく似た本が 2 冊あるのかはよくわからない．『綴術算経』から弟子たちのために『不休建部先生綴術』をつくったとか，逆に『不休建部先生綴術』から献上用に『綴術算経』を作ったとか，いろいろいわれているが，真相はよくわからない．

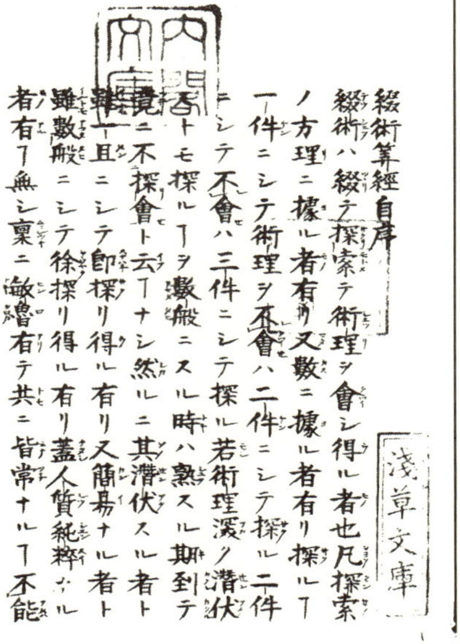

図 2.8 建部賢弘『綴術算経』(国立公文書館内閣文庫,1丁表).冒頭部分.浅草文庫は明治 7 (1874) 年,湯島の書籍館の蔵書を移して設立された公立図書館.将軍の「御文庫」である紅葉山文庫の書物を含んでいる.本書もその一つ.現在は内閣文庫に移管されている.

近年,これらの元になった本といわれる『綴術算経』(書名は『綴術算経』だが内容は『不休建部先生綴術』に近い)という本が東北大学の図書館で発見されたり,『綴術算経』,『不休建部先生綴術』にある円周率計算の実際の過程を詳細に記載した『弧背截約集』が発見されて,研究者の注目を集めている.

なお幕府の『書物方日記』には,『綴術算経』の名前は出てこない.『徳川実紀』に,吉宗が『綴術算経』をお傍に置いていたとの記載があるのをもって,通常献上されたとするが,若干の疑義の生じるところである.

さて,これら二書における各章の表題を比較したものが表 2.1 である.『綴術算経』では,全体は「法を探る」,「術を探る」,「数を探る」の三篇にわかれ,それぞれがさらに「理によるもの」,「数によるもの」に二分されている.そして

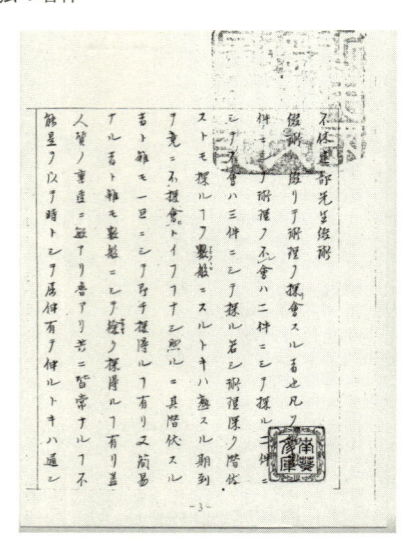

図 2.9 建部賢弘『不休建部先生綴術』(東京大学 T20:74, 1 丁表). 冒頭部分. 右下の落款は「南葵文庫」. 南葵文庫は紀州藩主, 徳川頼倫(1872–1925) が伝来の蔵書をまとめて東京都港区麻布に設立した文庫. 現在, 蔵書の大半は東京大学に収められている.

> 理により法を探る　　第 1 章, 第 2 章
> 数により法を探る　　第 3 章, 第 4 章
> 理により術を探る　　第 5 章, 第 6 章
> 数により術を探る　　第 7 章, 第 8 章
> 理により数を探る　　第 9 章, 第 10 章
> 数により数を探る　　第 11 章, 第 12 章

というように, 整然と 2 章ずつがあてがわれている. ここで,「法」というのは足し算(引き算)を繰り返すかわりに掛け算(割り算)をするとか, 問題に即して方程式を立てるとか, 約分をするとか, 階差を取る, といった問題によらない汎用の数学的な道具のことであり,「術」というのは具体的な問題を解くための方法, アルゴリズムのことである. また「数」というのは文字通り数値のことである. このように篇立てをしたということは賢弘が数学の求めるべき対象は法, 術, 数にあると考えていたことの反映である. また, それらを求めるための「数による」方法とは, 種々の数値を具体的に計算して,

表 2.1 『綴術算経』と『不休建部先生綴術』の章立ての比較

綴術算経	不休建部先生綴術
1. 乗除の法を探る	1. 因乗の法則を探る
2. 立元の法を探る	2. 帰除の法則を探る
3. 約分の法を探る	3. 重互換の術理を探る
4. 招差の法を探る	4. 開平方の数を探る
5. 織工重互換の術を探る	5. 立元の法則を探る
6. 直堡極積を求る術を探る	6. 薬種方を為すの術を探る
7. 算脱の術を探る	7. 四角垛の術を探るに就て累裁招差の
8. 球面積を求る術を探る	8. 球面積を求める術を探る　法を探会す
9. 砕抹の数を探る	9. 算脱の法を探る
10. 開平方の数を探る	10. 円数を探る
11. 円数を探る	11. 弧数を探る
12. 弧数を探る	12. 砕抹の術理を探る
自質説	附録
附録	

そこから一般的な結果を帰納的に推測する方法である．一方，「理による」方法とは「数による」方法以外のものを一般に指している．

このように『綴術算経』は厳格な構成をなしているが，それにあわせるために，各章で取り扱われている問題にはいささか無理のあるものもあり，また，技術的に前に述べておくべき事柄があとになってしまっている部分もある．一方，『不休建部先生綴術』は構成は厳格ではないが，数学的には『綴術算経』よりも読みやすい．

なお，両書とも全部で12章あるが，「円数を探る」（円周率の計算）と「弧数を探る」（円弧の長さの無限級数展開）の2章だけで全体のおよそ半分を占めている．賢弘は長い間，師匠である関孝和の天才的ひらめきにある種のコンプレックスを持っていたが，コツコツ計算を繰り返し，40桁以上の円周率を求め，さらに円弧の長さを無限級数に展開することができた．これらの結果は師匠に並び，あるいは超えるものであると自負した賢弘は，「数による」方法は師匠のいうように下等なものかもしれないが，すばらしい結論を得ることもできるのだと確信したのに違いない．そこで，そのことを強調したため，たった2章で全体の半分ほどの分量を占めるという，アンバランスを生じてしまったのである．

本書第5章以下では『綴術算経』,『不休建部先生綴術』の問題を多くとりあげて,紹介する.

2.2.2 『累約術』(享保13 (1728)年)

享保13年という日付は日本学士院に所蔵されている『累約術』の巻末に書かれている日付である.『累約術』には「東都建部先生著　門人平璋元珪刪定」とある.刪定（さんてい）というのは字句や文章を整えることであるから,賢弘の門人であった中根元圭が賢弘の原稿を本に書いたということになる.累約術とは連分数の計算のことで,本書では次の三つの不定方程式

$$|1318.7306x - 59594.7705y| < 1$$
$$|954.5338x - 6034.4574y + 5513.9106| < 1$$
$$|1337.1259x - 603.4457y - 551.3911| < 1$$

が解かれている.このような不定方程式の問題は閏月（閏日ではない）の入れ方に関する問題にその起源がある.簡単にいうと,月の朔望周期が約29.5306日で,1太陽年が365.2422日であるから,

$$|29.5306m - 365.2422y|$$

をできるだけ小さくするm, yを求めれば,y年にm月があるように閏月を入れれば良いことがわかるのである.

2.3　執筆年代不明の著作

2.3.1 『弧背截約集』

『弧背截約集』は2005年1月に横塚啓之氏が発見されたもので,

1. 円周率の計算
2. 矢に対する背（と背冪）の計算
3. 端数の記法（以上上巻）
4. 矢に対する半背と背冪の表,および矢と径から半背冪,背冪を求める近似計算の方法
5. 截砕之法（すでに得られた矢と背からそれに近い別の矢に対する背を求める方法）

6. 再乗ノ差立限ノ数と三乗差立限（矢と径から背冪を求める近似式の導出）
 7. 求弧四術（倍術，折術，接術，剡術）
 8. 弧背本源術 $(d\arcsin x)^2$ の無限級数展開式に相当する半背冪の計算方法
 9. 前項の改良
10. 『弧背術』（学士院 8898），『弧率』（学士院 1428）の「立限弧」の背冪の導出）（以上中巻）
11. 径と背から矢を求める元術とその導出
12. 径と半背から矢を求める捷術とその導出
13. 半背 1, 3, 5, 6, 7, 7.5 寸に対する矢の長さを求める
14. 径と半背から矢を求める近似公式とその導出方法
15. 損益する小弧の数（以上下巻）

を含む．その内容の多様性から賢弘の円理を考える上での鍵となる書である．これまで点として存在していた『弧背率』，『大成算経』巻十二「弧率」，『弧背術』，『綴術算経』，『算暦雑考』などが，線で結ばれる可能性が出てきたのである．横塚氏は『弧背截約術』を，賢弘の元禄時代の研究（『弧背率』（一部は享保の可能性もある），『大成算経』巻十二「弧率」）をもとにして享保時代にそれを発展させた研究ノートと位置づけている．そしてこの『弧背截約集』の研究をさらにまとめたものが『弧背術』，『綴術算経』，『算暦雑考』であるとする．

また，中巻 14 丁裏には

> 右の術を以て背冪を求むるに截砕の法を不用，直に真数を得ること掌を指が如し．弧背造化の数を得たりと謂べし．
> 享保七年壬寅正月十三日忽然として会し得たり．嗚呼，誰在てか此妙を語らん．賢明世に在さば甚称美し玉わんことを．

と記述されている（図 2.10）．これによって，賢弘による弧背の無限級数展開が享保 7 (1722) 年 1 月 13 日に忽然と発見されたことがわかる．さらに，「この発見を誰と語り合えばよいのか．賢明が生きておられれば，大いに賞賛をいただけるであろう」と賢弘の心中が吐露されている．賢明はすでに享保元 (1716) 年に亡くなっている．

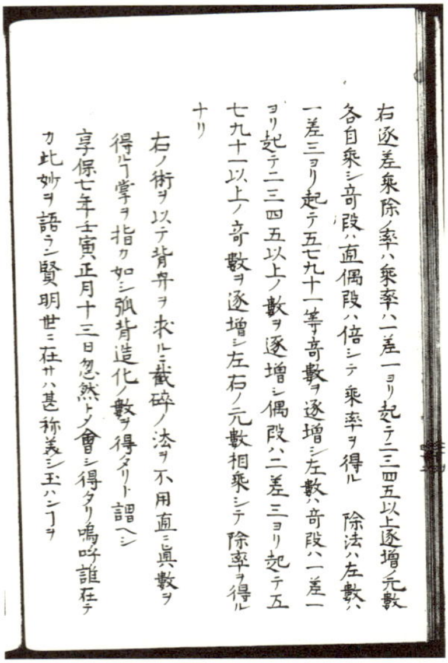

右逐差乗除ノ率ハ乗率ハ一差一ヨリ起テ二三四五以上逐増ノ元数
各自乗シ奇段ハ直偶段ハ倍シテ乗率ヲ得ル　除法ハ左数ハ
一差三ヨリ起テ五七九十一等ノ奇数ヲ逐増シ左数ハ奇段ハ一差一
ヨリ起テ二三四五以上ノ数ヲ逐増シ偶段ハ二差三ヨリ起テ五
七九十一以上ノ奇数ヲ逐増シ左右ノ元数相乗シテ除率ヲ得ル
ナリ
右ノ術ヲ以テ背弁ヲ求ルニ截砕ノ法ヲ不用直ニ眞数ヲ
得ル丁掌ヲ指カ如シ弧背造化ノ数ヲ得タリト謂ヘシ
享保七年壬寅正月十三日忽然トシテ會シ得タリ嗚呼誰在テ
カ此妙ヲ語ラン賢明世ニ在サハ甚称美シ玉ハン丁ヲ

図 2.10　建部賢弘『弧背截約集』(個人蔵，中巻 14 丁裏，版心四十二丁裏)．弧背の無限級数展開に相当する方法を「享保七 (1722) 年壬寅正月十三日忽然として会し得たり」とある．

2.3.2　『弧背率』，『弧率』，『弧背術』，『弧背率書』

『弧背率』(宮城県立図書館，伊達文庫 KD090 /セ 5/474・164) は従来，著者として，賢弘のほか，関孝和，松永良弼の名前が挙げられてきたが，『弧背截約集』の発見によって，賢弘の著作として間違いないように思われる．横塚氏はこれを元禄時代（一部は享保時代の可能性もある）の研究ノートの一部と推測している．

『弧率』(日本学士院 1428)，『弧背術』上下（日本学士院 8898，宮城県立図書館，伊達文庫 KD090 /セ 5/474・209, 210)，『弧背率書』(宮城県立図書館，伊達文庫 KD090 /セ 5/474・386) は『弧背密術』とも呼ばれ，書名を統一するのが難しいが，『弧背截約集』を整理してまとめたものである．『弧率』，『弧背術』上巻は享保 7 (1722) 年 4 月頃，『弧背術』下巻は享保時代と考えられる．

2.3.3 『円理弧背術』

『円理弧背術』は『円理弧背綴術』,『円理綴術』,『円理弧背術解』とも呼ばれる．本書も円弧の長さの無限級数展開に関するものであるが，最近の研究では本書は賢弘の時代よりももっとあとの著作で，賢弘の著作ではないという説も有力である．なぜこれまで賢弘の著作だと考えられてきたかというと，内題[2]の下に「建部不休先生撰」とあるからである．

なお，本田利明（寛保 3 (1743) 年–文政 3 (1820) 年）は日本学士院蔵本に「この書は関孝和先生の遺書で，関流の最高のものである．かつて延宝年間 (1673–1681) に関家が断絶してからは，先生の高弟であった建部家の客となった．建部氏とともに考察してこの円理弧背の密法を作って『綴術』といい，これを門弟に授けた．わたしの師，今井兼庭がこれを得て，またこれを私に授けた．それで本書を宝とする．文化 5 戊辰年 5 月望」と書いている．しかし，文化 5 年といえば 1808 年，関孝和が没してからすでに 100 年を経て書かれたものであり，最近の研究に照らし合わせても，この記述にはあまり信頼が置けない．

2.3.4 『方陣新術』

『方陣新術』は入江脩敬（元禄 12 (1699) 年–安永 2 (1773) 年）の『一源括法』に所収されている．方陣とは魔方陣のことである．数学者が魔方陣に取り組んだことは少し意外かもしれないが，江戸時代には魔方陣はよく研究され，『大成算経』にも書かれている．

2.4 暦術に関する著作

賢弘の主要な研究の一つに暦術に関する研究がある．これは関においても同様だったが，賢弘の場合は特に将軍吉宗の意向を受けたものであった．暦術の計算は数学との接点があり，賢弘の数学について考える場合にも，これを無視することはできないのであるが，今日においても賢弘の暦術については研究は十分でないのが実情である．そこで，本書においては暦術について詳しく触れることができないが，ここに書名と若干の注を付しておく．

まず年紀の明らかなものとしては

---

[2]本文の最初に書かれた書名．これに対して，表紙に張られた紙（題箋）に書かれた書名を外題という．

1. 『辰刻愚考』(享保7 (1722) 年)
2. 『歳周考』(享保10 (1725) 年)

がある.

『辰刻愚考』における辰刻とは時刻, 刻限のことである. 本書は一日の時刻と時計のことを述べたものである.「ある日客があって, 自分は元来暦の理論には詳しくなく, 歳もとって (このとき満58歳である) すでに気力もなくなってきたと固辞したが, 客の再三の要望にやむを得ず概略を書くこととした」というようなことが序文に書かれている. また『歳周考』は歳差 (地球の自転軸の方向が変化して, 春分点が恒星に対して次第に西方に移動すること) について述べたものである.

一方, 年紀の明らかでないものとしては

1. 『授時暦数解』
2. 『授時暦議解』
3. 『授時暦術解』
4. 『算暦雑考』
5. 『暦考雑集』
6. 『中否論』
7. 『極星測算愚考』

などがある.

授時暦は元代に用いられた暦 (太陰太陽暦) であるが, 明代の改暦でも実際にはほとんど変更はなく, 清代になってシャル・フォン・ベル (アダム・シャール, 湯若望) によって時憲暦に改暦されるまで300年以上にわたって用いられた. 日本では, 寛政9 (1797) 年の寛政暦になるまで, 授時暦の方法が用いられた. もちろん賢弘の時代の暦法の基本も授時暦であり, 関孝和と賢弘はこれを熱心に研究したのである. 『授時暦数解』,『授時暦議解』,『授時暦術解』の三書は授時暦の注釈書で各2巻, 全部で6巻あることから, 六巻書とか六巻抄といわれている.

『算暦雑考』は, 書名は暦術に関するものであるが, 最初に円弧の長さの無限級数展開を述べた「弧矢綴術」があり, そのあとに黄道, 赤道に関する表 (立成) とそれに関連する計算を述べた「黄赤道立成」などからなる. その内

2.4 暦術に関する著作

容から賢弘の著作であろうとされている．水戸彰考館にあった原本は昭和 20 (1945) 年に戦災で消失してしまったが，昭和 19 (1944) 年に水戸彰考館が作成した青焼（印刷製版の原版から校正用に作られる青写真）で現在見ることができる．

『中否論』と『極星測算愚考』はそれぞれ，松宮俊仍（貞享 3 (1686) 年–安永 9 (1780) 年）の『分度余術』（享保 13 (1728) 年）上中下 3 巻のうちの上巻の第 3 章「測遠」の末尾と，下巻第 5 章「行舶」の末尾に収録されている．『中否論』1 丁半程度の短いもので，測量には誤差がつきものであるということが述べられていて，観測時の誤差，測量器具の持つ誤差などについて言及されている．『極星測算愚考』は航海時に必要な北極星観測に関するもので，撰極儀という装置の作り方と，使い方を説明したものである．

なお，『三差解』（東北大学・林 2880）は日食三差について述べたものであるが，この著者を賢弘とするかどうか，いまだ決定的ではない．

第3章　中国数学の受容

　第1章で述べたように賢弘の時代の数学は，中国の数学書『算法統宗』や『算学啓蒙』に強く影響されていた．ところで，中国で最初期にまとめられた数学書は『九章算術』であった．『九章算術』はその後の中国の数学に絶大な規範を与え，『算法統宗』，『算学啓蒙』などもその伝統を受け継いでいる．その意味では和算は『九章算術』の伝統の中から生まれたといえるだろう．なお，『九章算術』は江戸時代の日本では直接は知られていなかったが，『九章算術』の九つの章名は知られていた．

　本章では和算確立の原動力となった中国数学の算木を用いた算盤(さんばん)[1]代数について賢弘の言葉も踏まえつつ紹介しよう．

3.1　算木による数の表示

　『算法統宗』の流れを汲む『塵劫記』の世界では，ソロバンが計算の主要な道具であった．一方，『算学啓蒙』の流れを汲む関や賢弘の数学では単なる計算だけではなく，方程式も扱われたため，主要な道具はむしろ算盤と算木であった（図3.1）．算木は小さな棒で，それを算盤上に並べて数を表し，算盤には，位取りを示す欄が設けられている．

　1から9までの数の表し方には二つあり，縦置きは一，百，万，百万，...の位に用い，横置きは十，千，十万，千万，...の位に用いた．

	一	二	三	四	五	六	七	八	九
縦	｜	‖	‖｜	‖‖	‖‖｜	⊥	⊥	⊥	⊥
横	━	═	≡	≣	≣	⊥	⊥	⊥	≡

---

[1] ソロバンを算盤と書くことがあるが，本書では，「算盤」を算木を配置する盤という意味に使うことにする．

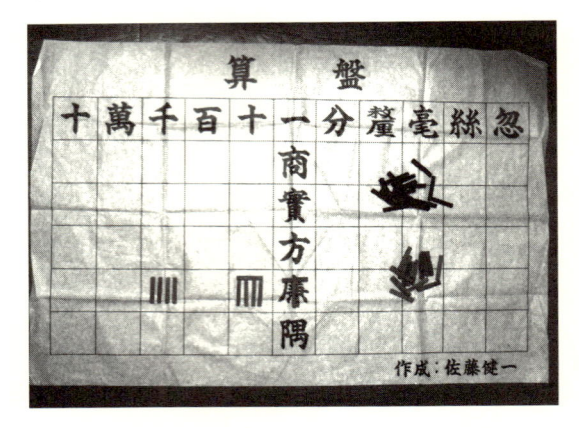

図 3.1 算木．$4096 - x^2 = 0$ を表現したところ．廉の段に赤い棒で 4096，実の段に黒い棒で 1 が置かれている（字と重なった部分は見にくい）．算木を用いた方程式の解法は組立て除法を繰り返すものである．具体的な算木の動かし方は第 3.4 節を参照．

これは算木による表記を筆で書き写したときに，混乱しないようにするための工夫であったが，算盤にはマスが区切られていたから，実際に算木を置くときは全部縦置きだったと考えられている．

算木には赤と黒の 2 種類があり，赤が正の数を，黒が負の数を表すことになっていた．朱色を使わずに黒一色で筆記する場合は，負数には斜線をつけて表した．また空位は，算木を実際に置く場合は空白にしておけば良いが，筆記するときは混乱を避けるために，○印を書いた．たとえば，

$$\top \equiv \bigcirc = |$$

は 65021 を表し，

$$\top \equiv \bigcirc = | \quad \text{あるいは} \quad \top \equiv \bigcirc = \text{\char'040}$$

は -65021 を表す．

3.2 算木による数の加減

算木による数値の表現を現代表記してしまえば，加減乗除の計算は今日の計算と同じことになってしまうのだが，実際には算盤やソロバンといった器

具のイメージが数に密着して理解されていたため，その取り扱いは煩雑で熟練を要した．

　整数の加法は「同加異減（どうかいげん）」と呼ばれていた．これは「同じ色の算木を併せるときは加え，異なる色の算木を併せるときは異なる色の算木を打ち消せば良い」との意味である．たとえば，赤い棒が2本と赤い棒が3本あれば，併せて赤い棒が5本となり，黒い棒1本と黒い棒2本なら，併せて黒い棒3本となる．また，赤い棒2本と黒い棒3本があれば，打ち消して黒い棒1本となり，赤い棒2本と黒い棒2本があれば，打ち消して無となる．

　単に加法と呼ばずに「同加異減」と呼んだのは，ソロバンによる計算と同様，算木による計算においても自然数の加減が基本演算であり，整数の加法という概念は2次的なものに過ぎなかったことを表している．

　この赤い棒も黒い棒も何にもない「無」の状態を整数ゼロと考えるのである．「同加異減」と逆に整数の減法は「同減異加」と呼ばれていた．

　これら「同加異減」と「同減異加」は，すでに『九章算術』の第8章「方程」に「正負術」として述べられていた．朱世傑は『算学啓蒙』の『総括』で「明正負術」として，これを再述している（図3.2）．これを賢弘は読み，解説したのである．

　『算学啓蒙』では「同加異減」を「其異名相減，則同名相加」と説明している．これに対して賢弘は以下のように説明を加えた．それを読むと賢弘がいかに正，負，零の数の加法を明確に記述し，さらに加法の可換性についても言及していることがわかるだろう（図3.3，引用は現代語訳しておく）．

> 「其の異名相減ずるときは」――　異名を相減ずるときは，同名は相加える．正算を加えるとき，一方に数なければそのまま正とし，負算を加えるときに一方に数なければそのまま負とする．異減同加とはこれである．たとえば，

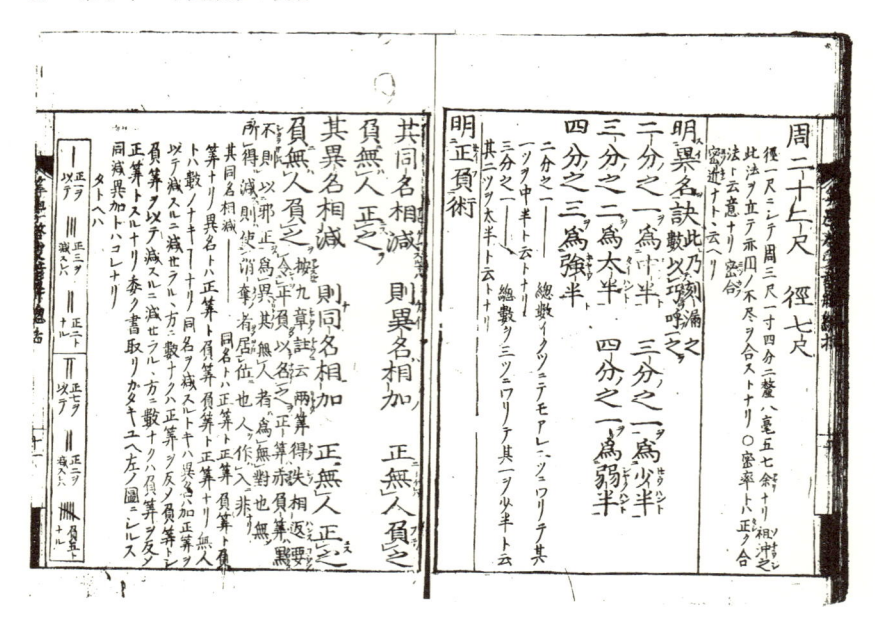

図 3.2　建部賢弘『算学啓蒙諺解』(東北大学林集書 1165, 13 丁裏〜14 丁表). 巻一「明正負術」. 1 行を 2 行に割って書かれている小さな漢文部分は中国でつけられた注解. これを割注といい，中国での伝統的な注釈のつけ方であった.

‖ 正二を ⧣ 負五に加えれば， ⧢ 負三となる		
⫼ 正八を ⧢ 負三に加えれば， ⫿ 正五となる		
⧣ 負四を ⫼ 正七に加えれば， ⧢ 正三となる		
⊤ 負六を ‖ 正二に加えれば， ⧣ 負四となる		
⫿ 正九を ⫼ 正七に加えれば， 一⊤ 正十六となる		
⊥ 負一を 一⧣ 負十二に加えれば， 一⧣ 負十三となる		
⫼ 正八を ○ 数無きに加えれば， ⫼ 正八となる		
⚏⊥ 負二十一を ○ 数無きに加えれば， ⚏⊥ 負二十一となる		

以上，異減同加は両方の数をどちらの方より加えても同じ.

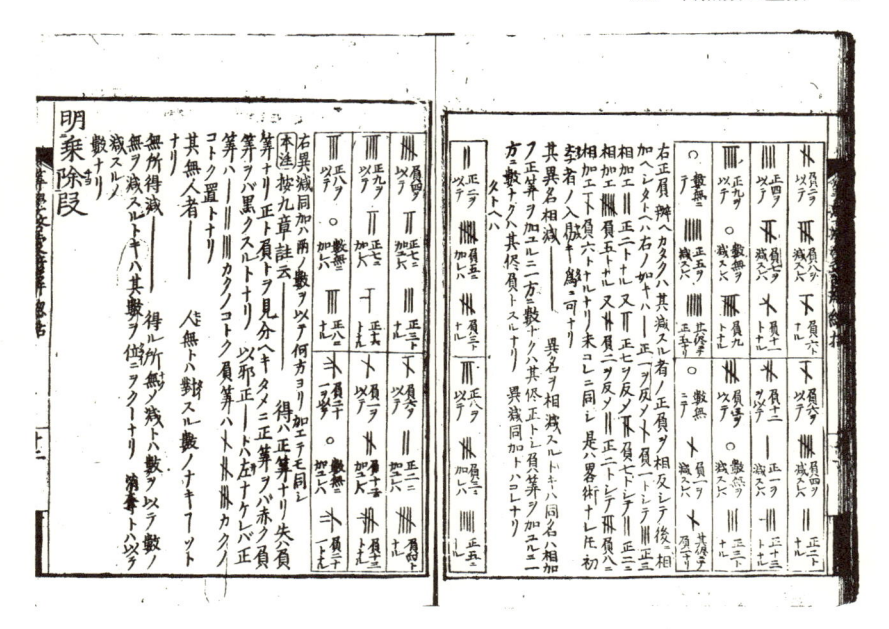

図 3.3 建部賢弘『算学啓蒙諺解』(東北大学林集書 1165, 14 丁裏〜15 丁表). 巻一「明正負術」. 前図の続き. 左のページに「本注」と四角で囲んだ部分があるが, これは原本の割注のこと. 前図の割注部分参照.

3.3 自然数と整数

自然数とは, 1, 2, 3, 4, ... という数で, 物の個数として現れるもっとも基本的な数である. 現代数学では自然数がもっとも基本的で, 整数や有理数, 実数や複素数などは, 自然数を基礎にして構成できるものと理解している. これは, 数の体系が矛盾なく構成されているかという問いに対する答として, 現代数学が用意している枠組みである.

たとえば, 整数は自然数を基にして次のように構成される. ここで自明なこととして前提にすることは, 自然数と自然数に対する加法である. これから, 整数と整数の加法と減法を定義してみよう.

自然数の組 (a,b) の全体を考える. (a,b) と (a',b') なる自然数の組が二つ与えられたとき, これらが「同等」であるとは

$$a + b' = a' + b$$

が成り立つことと定義する．二つの自然数の組が「同等」のとき，それらを同一視して，整数という（現代数学の言葉でいえば，自然数の組の全体を「同等」という同値関係で類別して，整数の全体を定義するという）．このように定義した整数は

$$(a,b) = (a+1, b+1) = (a+2, b+2) = \cdots$$

を満たす．また，自然数 a と整数 $(a+1,1)$ を同一視して，自然数は整数であるとみなす．また，整数 $(1,1)$ を整数ゼロと定義する．

このとき加法を

$$(a,b) + (a',b') = (a+a', b+b')$$

によって定義する．また減法を

$$(a,b) - (a',b') = (a+b', b+a')$$

と定義する．整数の符号を変えることを

$$-(a,b) = (b,a)$$

で定義すると，

$$(a,b) + (-(a,b)) = (a+b, a+b) = 0$$

や

$$(a,b) - (a',b') = (a,b) + (-(a',b'))$$

が成り立つ．このようにして，自然数とその加法を前提にして，整数とその加法，減法が定義されるのである．

以上の現代数学の考えの萌芽が，中国の数学における「正負術」に見受けられることは，大変に興味深い．また，賢弘は『算学啓蒙諺解』の注において，具体的数字によって上記の現代数学の整数の加減の構成方法を懸命に述べているのを見るのも面白く感じられる．

3.4 開方術

自然数の平方根を求める計算法を開平術という．すでに，『九章算術』第4章「少広(しょうこう)」で，筆算の割算と同じ要領で開平算や開立算が算盤上で実行でき

ることが述べられている．$x^2 - 2 = 0$ が開平算で解ければ，一次の項のある $x^2 + 2x - 1 = 0$ も同様に解くことができる．宋・元の時代になると，一般の高次の代数方程式も開平術と同様の方法で，数値解を求めることもできることが判った．これを（広義の）開方術といい，宋・元の時代に整備された．開方術を開平術ということもある．（広義の）開方術は，遥か後年にヨーロッパで発見されたホーナー法と同一であるので，ホーナー法ということがあるが，数学史が西洋に偏していることの一例であろう．

（広義の）開方術の計算には次のような算盤が用いられた．

千	百	十	一	分	厘	毛	
							商
							実
							方
							廉
							隅

算盤は色々な用途に利用されたが，ここでは開方術に限って説明しよう．たとえば，数係数の 3 次代数方程式（方程式を中国では開方式，日本では開方の式と呼ばれていたが，以下では簡単に方程式を呼ぶことにしよう）

$$a + bx + cx^2 + dx^3 = 0 \tag{3.1}$$

は，算盤上の実級に a を，方級に b を，廉級に c を，隅級に d を置くことによって表現された．換言すれば，(3.1) を算盤上の配置

$$\begin{bmatrix} a \\ b \\ c \\ d \end{bmatrix} \tag{3.2}$$

で表示したのである．

賢弘が『算学啓蒙諺解』で解説している具体的な問題をとりあげてみよう．『算学啓蒙』の「開方釈鎖門」の第 1 問は次のようであった（図 3.4）．

　　今，平方冪四千九十六歩がある．方面は幾何かと問う．答え
　　ていう，六十四歩と．

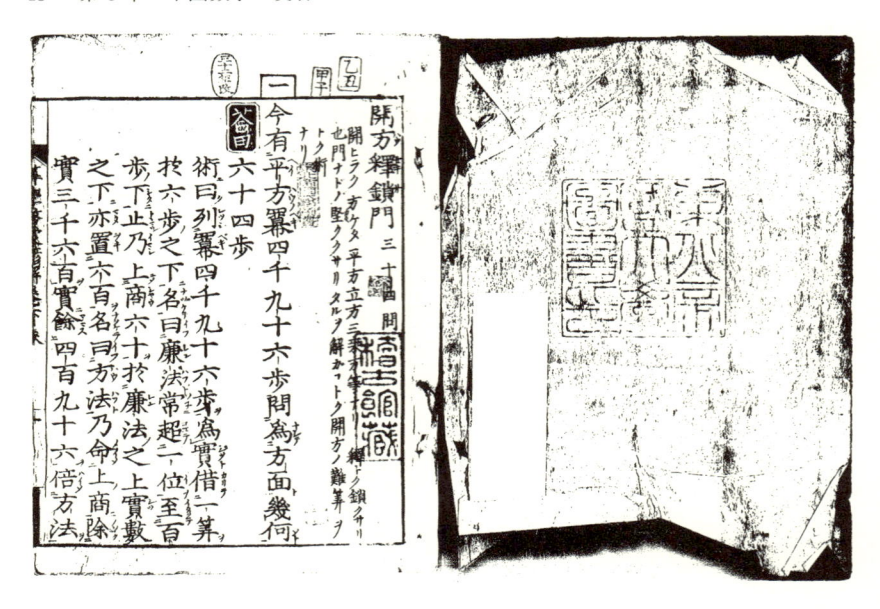

図 3.4 建部賢弘『算学啓蒙諺解』（東北大学林集書 1165，1 丁表）巻七，開方釈鎖門の第 1 問．「開ヒラク，方ケタ……」というように賢弘の注解は徹底的である．右に押されている印は「東北帝国大学図書印」．

方面というのは，正方形の一辺のことである．つまり簡単にいえば「面積が 4096 の正方形の一辺はいくつか」という問題である．

この開方の式

$$4096 - x^2 = 0 \tag{3.3}$$

は，算盤の上では算木を用いて次のように表示された．

	千	百	十	一	分	厘	毛	
								商
赤棒	三		二	丅				実
								方
黒棒				∣				廉
								隅

このように開方の式が立てば，あとは開方術により数値解を求めることが

できる．この問題では 2 次式であるが，3 次式の場合にそれを一般的に説明すると，次のようになる．商に何か値を足しこんで，算盤上で次の操作を行う．

- 第 1 順（隅より始める）

    - 隅に「商に付加した値」を掛けて廉に足しこむ．
    - （新しい）廉に「商に付加した値」を掛けて方に足しこむ．
    - （新しい）方に「商に付加した値」を掛けて実に足しこむ．

- 第 2 順（廉より始める）

    - （新しい）廉に「商に付加した値」を掛けて方に足しこむ．
    - （新しい）方に「商に付加した値」を掛けて実に足しこむ．

- 第 3 順（方より始める）

    - （新しい）方に「商に付加した値」を掛けて実に足しこむ．

この操作の結果，隅に置かれた数は不変であるが，廉と方と実に置かれた数は次々に変わってしまう．次に，ふたたび商に適当な数を足しこんで，上の操作を行う．これを何回か繰り返して，実に置かれた算木がなくなってしまえば，そのとき商に置かれている数が解である．

上の問題では，始めは商と方と隅は空で，実に赤の 4096，方は空，廉に黒の 1 が置かれている．そこで，商に赤の 60 を足しこんでみると，一連の操作のあとで，商は 60，実は赤の 496，方は黒の 120，廉は黒の 1，隅は空となる．

	千	百	十	一	分	厘	毛	
								商
赤棒		〣	亖	丅				実
黒棒				=				方
黒棒								廉
								隅

次に，商に 4 を足し込んでみると，一連の操作のあとで，商は 64，実は空，

方は黒の 128, 廉は黒の 1, 隅は空となっている.

	千	百	十	一	分	厘	毛	
				⊥	ⅲ			商
								実
黒棒					=	ⅲ		方
黒棒								廉
								隅

実が空になったから,商に置かれている 64 が解である.

実級,方級,廉級,隅級をそれぞれコンピュータのメモリとみなせば,このような繰り返しの計算は,コンピュータのプログラムで容易に書くことができる.

算盤をミニ・コンピュータと考え,各行をメモリと考える.すなわち,商 Q, 実級 A, 方級 B, 廉級 C, 隅級 D をメモリとみなし,(3.1) の係数 a, b, c, d を,それぞれ,A, B, C, D の値と考える.立てる商 q を商級のメモリ Q に代入すると,算盤上での開平の操作は,BASIC 風に次のように記述できる.

```
Q=0: A=a: B=b: C=c: D=d
R=q
Q=Q+R
C=C+D*R: B=B+C*R: A=A+B*R
C=C+D*R: B=B+C*R
C=C+D*R
Print Q, A, B, C, D
```

この操作の結果,Q の値は q であり,A, B, C, D に入る新しい値を a', b', c', d' とすると,

$$a + bx + cx^2 + dx^3 = a' + b'(x-q) + c'(x-q)^2 + d'(x-q)^3$$

なる関係がある.

さらに,もしも q' を商 Q の値 q に足しこめば,同じプログラムで

```
R=q'
```

```
Q=Q+R
C=C+D*R: B=B+C*R: A=A+B*R
C=C+D*R: B=B+C*R
C=C+D*R
Print Q, A, B, C, D
```

と計算すれば良い．この2回目の操作の結果，Qの値は $q+q'$ となり，A, B, C, D に入る新しい値を a'', b'', c'', d'' とすると，

$$a + bx + cx^2 + dx^3 = a'' + b''(x-q-q') + c''(x-q-q')^2 + d''(x-q-q')^3$$

なる関係がある．

このようにして係数は次のように変化してゆく．

$$\begin{bmatrix} 0 \\ a \\ b \\ c \\ d \end{bmatrix} \longrightarrow \begin{bmatrix} q \\ a' \\ b' \\ c' \\ d' \end{bmatrix} \longrightarrow \begin{bmatrix} q+q' \\ a'' \\ b'' \\ c'' \\ d'' \end{bmatrix} \longrightarrow \cdots\cdots$$

もし何回かの操作で実級Aを空にできれば，そのときのQの値 $q+q'+\cdots$ が (3.1) の解である．このようにして，上位の桁より一桁ずつ方程式の根を求めることができる．これが算盤上の開平術の原理である．もし，$c = d = 0$ ならば，このアルゴリズムは筆算による割り算と同じであるので，このアルゴリズムを一般に組立除法という．

以上では3次方程式に限って説明したが，開平術（組立除法）により，1変数の代数方程式は何次式であろうと，原理的には数値解を求めることができる．この開平術は，中国では約2000年前に成立した『九章算術』より知られていたことであり，『算学啓蒙』「総括」ではこれを

　　明開平法　積を置き実として，方，廉，隅に関して同加異減し
　　てこれを解く

と1行で要約している．このもっと詳しい説明は，同書「開方釈鎖門」第1問（開平術），第2問（開立術）で読むことができ，また賢弘は『算学啓蒙諺解』の注において，さらに詳細に説明している．

なお,「開平」とは平方根を求めることが原義であるが,『算学啓蒙』では代数方程式を上述の方法で解くことを意味していることを注意しておこう.

3.5 天元術

天元術は宋・元の時代に,1変数の代数方程式を立式する方法として考案され,『算学啓蒙』により日本に移入された.

天元術とは,今日の言葉で割り切っていってしまえば,多項式

$$a + bx + cx^2 + dx^3 \tag{3.4}$$

を,算盤上の配置 $\begin{bmatrix} a \\ b \\ c \\ d \end{bmatrix}$ で表示しようということである.代数方程式を表すべき算盤上の配置が,多項式をも表すということで,頭を切り替えることは難しく,承服しかねる考え方であったろう.

たとえば,実級を空にして廉級に一算を置いて

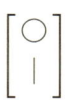

$$\begin{bmatrix} \bigcirc \\ | \end{bmatrix}$$

を作る.これは開方術では方程式(開方式)$x = 0$ を表すが,天元術では多項式(仮の数)x を表す.そして,算盤上のこの配置を作ることを「天元に一を立てる」といった.

『算学啓蒙』の「開方釈鎖門」の第8問で天元術の実例を見てみよう(図 3.5).

今,直田八畝五分五厘がある.ただし,長平和して九十二歩である.長平各々 幾何(いくばく) か問う.答えていう,平三十八歩,長五十四歩と.

直田は長方形の田で,長は長辺,平は短辺,積は面積である.1畝は 240(平方)歩で,$8.55 \times 240 = 2052$ なので,8畝5分5厘は,2052(平方)歩である.したがって,問題は「面積が 2052 の長方形があり,長辺と短辺の和は 92 である.このとき,長辺と短辺を求めよ」ということである.

参考のために,朱世傑の書いた術文の読み下しを載せておこう.

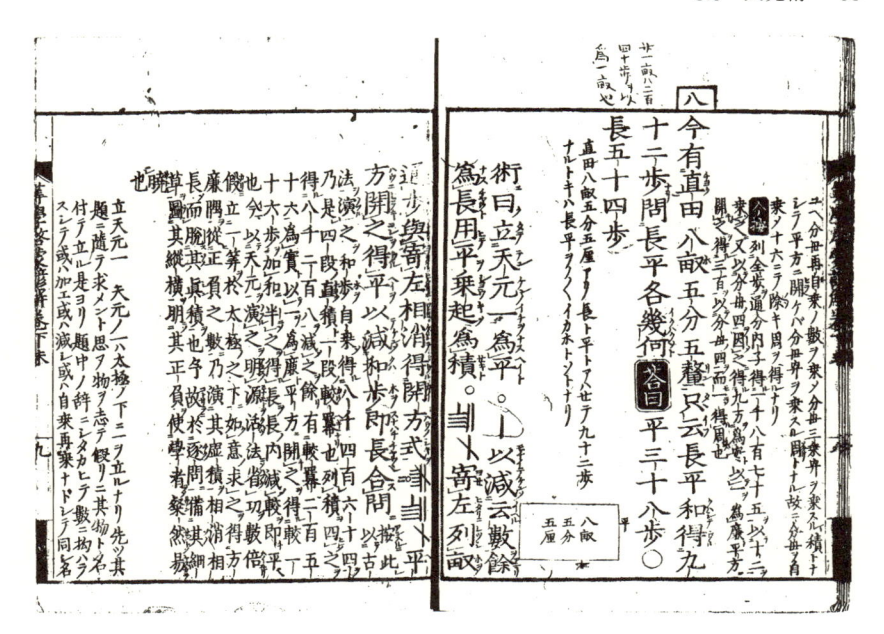

3.5 天元術　53

図 3.5　建部賢弘『算学啓蒙諺解』（東北大学林集書 1165, 8 丁裏〜9 丁表）．巻七，開方釈鎖門の第八問．原文のあとに問題文を日本語訳しているのが見える．欄外は本書の読者の書き込み．

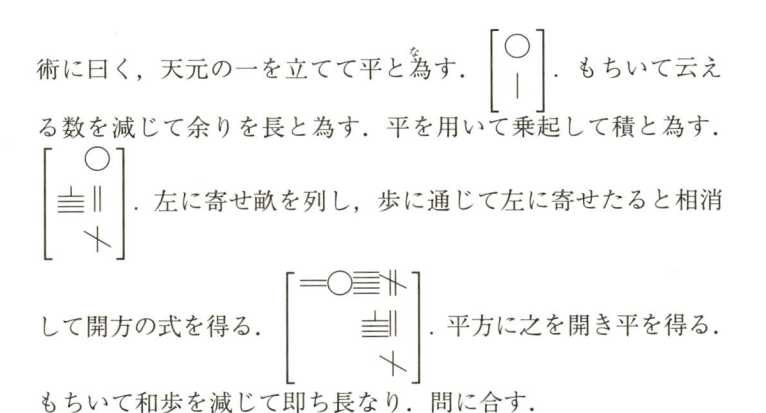

術に曰く，天元の一を立てて平と為す．$\begin{bmatrix}○\\|\end{bmatrix}$．もちいて云える数を減じて余りを長と為す．平を用いて乗起して積と為す．$\begin{bmatrix}○\\ \equiv\\ |\!|\\ \times \end{bmatrix}$．左に寄せ畝を列し，歩に通じて左に寄せたると相消して開方の式を得る．$\begin{bmatrix}=○\equiv\\ \equiv\!|\!|\\ \times\end{bmatrix}$．平方に之を開き平を得る．もちいて和歩を減じて即ち長なり．問に合う．

今日の言葉でいえば，未知数 x を短辺とすると，長辺は $92-x$ であり，面積は $x(92-x) = 92x - x^2$ である．これが与えられた面積 2052 と等しいの

であるから，両者を相消して，方程式

$$-2052 + 92x - x^2 = 0$$

を得る．これを解けば，短辺が求まるというのである．

　これを賢弘の注釈を参照して，天元術で説明してみよう．

　『算学啓蒙』の言葉でいえば，天元の一を立て，算盤上の配置 $\begin{bmatrix}○\\|\end{bmatrix}$ を仮の平とする．長平の和 92 からこの算盤上の配置を引くと，算盤上の配置 $\begin{bmatrix}\equiv\\\text{⊥}\end{bmatrix}$ になるので，これを仮の長とするのである．

　次に，上に得た二つの配置，仮の平と仮の長，を掛け合わせると，算盤上の配置 $\begin{bmatrix}○\\\equiv\\\text{⊥}\end{bmatrix}$ になるので，これを仮の積と理解するのである．

　算盤上の仮の積を表す配置を，左に寄せて，算盤をご破算にして，新しく真の積 2052 を実級に置く．そして，新しい配置と左に寄せておいた配置を「相消」して，「開方の式」

$$\begin{bmatrix}\equiv○\equiv\text{⊥}\\\equiv\\\text{⊥}\end{bmatrix}$$

が立式できる．この開方の式を，開平術について解けば，平の値が求まるのである．

　賢弘は，算盤上の配置を仮の数と認識し，それらの加減乗除を説明している（図 3.6）．それを読むと，

$$(7 + 2x)^2 = 49 + 28x + 4x^2$$
$$(-2 + 3x + x^2)^2 = 4 - 12x + 5x^2 + 6x^3 + x^4$$
$$(-7 + 2x)(3 + x) = -21 - x + 2x^2$$
$$(1 - 6x + 2x^2)(2 - 3x + x^2) = 2 - 15x + 23x^2 - 12x^3 + 2x^4$$
$$(-2 + x)(-3 - 2x + x^2) = 6 + x - 4x^2 + x^3$$
$$(3 + 2x)^3 = 27 + 54x + 36x^2 + 8x^3$$

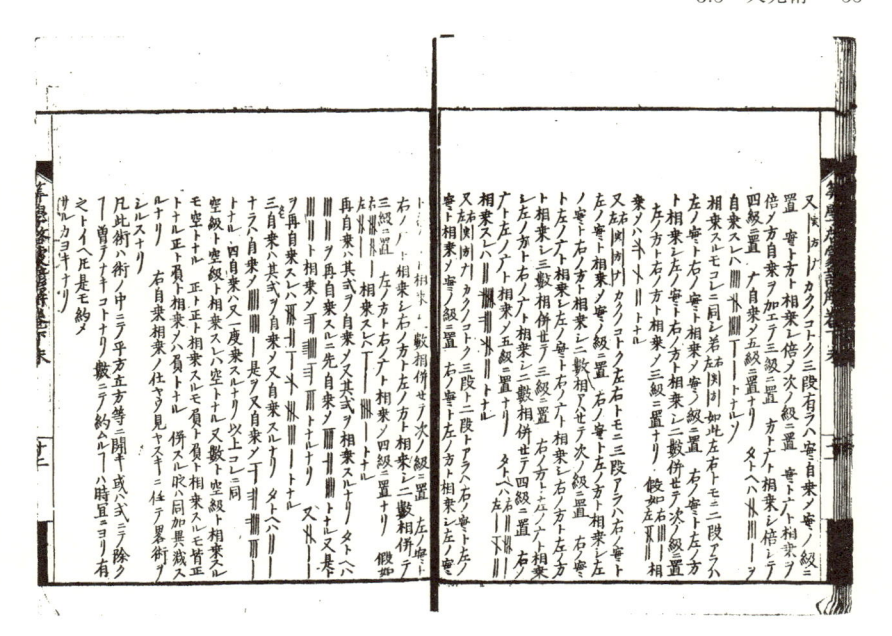

図 **3.6** 建部賢弘『算学啓蒙諺解』（東北大学林集書 1165, 11 丁裏〜12 丁表）巻七,「開方釈鎖門」. 多項式の乗法を説明している段. 前図最後の注からここまでの 6 ページ（3 丁）以上, ずっと賢弘の注ばかりで, 原文そっちのけである.

$$(-2+x+x^2)^3 = -8+12x+6x^2-11x^3-3x^4+3x^5+x^6$$
$$(2-x)^4 = ((2-x)^2)^2 = 16+32x+24x^2+8x^3+x^4$$

というような計算を自由にできたことがわかる．ただし，このような代数演算はあくまでも算盤上の配置を用いて説明されている．

以上のように，賢弘は朱世傑の述べる「天元術」を，

1. 「天元の一を立てる」という宣言で，配置を仮の数と考えてその加法，減法，乗法を行うこと，
2. ある量を表す配置が 2 種類できたとき，それらを「相消」して「開方の式」を作ること，
3. 最後に，開方術で「開方」すること，

の三段階に整理した．

なお，賢弘は「仮の数」と名づけたものがいったい何であるかについては説明をしていないが，「相消」の前後で，算盤上の配置の意味が，多項式（仮の数）から方程式（開方の式）に変化することは明確に理解していた．このことに注意をしておこう．

第4章 和算の確立

本章では和算におけるもっとも強力な道具であった傍書法について述べる．傍書法を一言でいってしまえば，多項式の係数に文字を使用する方法ということになるが，それでは実際の感覚を得ることはできない．そこで本章では賢弘が書いている例を二つとりあげて，実際にそれを読んでみたい．そうすることによって少しでも当時の感覚に近づければと思う．

4.1 傍書法

前章でとりあげた「開方釈鎖門」の第8問では具体的な数値が与えられてた．天元術で解くことのできる問題は数値係数の方程式だけであるから，これは当然であるが，抽象化をさらに進めると，「開方釈鎖門」の第8問の長平の和とか積に具体的な数値がなくても，式を立てるアルゴリズムが記述できる．これが関孝和の発見である．そして具体的な数のかわりに文字の使用を可能にしたことにより，江戸時代の日本の数学は中国の数学の伝統から大きく飛躍したのである．

「開方釈鎖門」の第8問を『研幾算法』や『発微算法』の流儀で述べれば，次のようになる．

> 今，直田有り．只云う，長平和して若干．又云う，積若干．長平各々幾何ぞと問う．

ここでは「若干」というだけで，数値を与えられていない．このときには，天元の一を立て $\begin{bmatrix} ○ \\ | \end{bmatrix}$ を仮の平とし，仮の長を $\begin{bmatrix} |只 \\ + \end{bmatrix}$ とし，仮の平と仮の

長を掛け合わせて，仮の積を $\begin{bmatrix} 〇 \\ | 只 \\ 十 \end{bmatrix}$ とする．そしてこれを「又云う積」と

相消して，開平の式を $\begin{bmatrix} 十又 \\ | 只 \\ 十 \end{bmatrix}$ と表すのである．

　ここにあらわれるような算木と漢字を融合して文字式を表わす方法はのちに「傍書法」と呼ばれた．関孝和の三部抄と呼ばれる『解見題之法』，『解隠題之法』，『解伏題之法』のうち，『解見題之法』には公式を表すのに傍書法が用いられ，『解伏題之法』においては，『解隠題之法』で述べられた算盤代数に傍書法が融合して用いられる．

　賢弘は関の傍書法はただちに理解したと思われる．賢弘の最初の著作『研幾算法』においてもすでに，開方の式が高次になるような多くの問題が傍書法を用いて解かれている．『解伏題之法』に傍書法は体系的に述べられてはいたが，三部抄は稿本として存在していただけであり，傍書法を具体的な問題に適用して，開方の式を立ててそれを公表したのは，賢弘の『発微算法演段諺解』であった．

　朱世傑の四元術では，特別な形の 4 変数の多項式が扱えるだけであったが，関孝和の傍書法では，記号係数の 1 変数多項式が自由に扱えたので，一般の多項式係数の多項式が扱え，結果的に任意個の変数を持つ多項式が扱えるようになったのである．このことがその後の和算の発展に大きな飛躍をもたらしたことはいうまでもない．四元術が述べられた『四元玉鑑』が日本に導入されなかったことは，ある面では幸いだったのかもしれない．

　ところで，『研幾算法』や『発微算法』では，多変数の連立代数方程式から，ある変数に着目して 1 変数の代数方程式に帰着する問題が多数解かれている．一方，『解伏題之法』においては，関孝和は具体的問題によらずに，多変数の連立代数方程式から 1 変数の代数方程式を得る方法（現代数学の言葉でいうと，終結式の理論）を確立した．その過程で行列式が定式化されたのである．

4.2 未知量の2乗化と3乗化

多変数の連立方程式を解くにはもちろん未知数の消去を行わなければならないが，賢弘が最初に多用したのは「2乗化」と「3乗化」という手法である（井関知辰の『算法発揮』（元禄3 (1690) 年）ではそれぞれ「平冪演式」，「再乗冪演式」と呼ばれている）．未知量の2乗化というのは，x, y に関する二つの方程式が

$$x^2 = f(y) \tag{4.1}$$
$$P + Qx = 0, \quad P と Q は y の多項式 \tag{4.2}$$

という形になったとき，これから

$$P^2 - Q^2 f(y) = 0$$

と変形するものである．また，未知量の3乗化というのは，x, y に関する二つの方程式が

$$x^3 = f(y), \tag{4.3}$$
$$P + Qx + Rx^2 = 0, \quad P, Q, R は y の多項式 \tag{4.4}$$

という形になったとき，これから

$$P^3 + Q^3 f(y) + R^3 f(y)^2 - 3PQRf(y) = 0$$

と変形するものである．この変形は (4.4) を

$$P + Rx^2 = -Qx \tag{4.5}$$

と変形して，両辺を3乗し，(4.3), (4.4) を用いて整理すれば得られる．

2乗化でも3乗化でも，その結果いずれも未知量 x が消去されていることに注意してほしい．当時関や賢弘はすでに自由に式の計算ができ，このような未知量の消去方法を用いていたのである．

4.3 『算学啓蒙諺解』の例

3乗化の例を紹介しよう．『算学啓蒙』開方釈鎖門の第31問は次の通りである．

今，円錐有り．積 三千七十二尺．只云う，高さを実と為し立方に之を開き得る数は下の周に及ばざること六十一尺．下の周及び高さ，各々幾何ぞと問う．

答曰　下の周六十四尺．○高さ二十七尺．

高さ h，底面の半径 r の円錐において，体積が $V = \pi r^2 h/3 = 3072$ で，$D = 2\pi r - \sqrt[3]{h} = 61$ のとき，高さ h と底円の周の長さ $2\pi r$ を求めるのが問題である．

朱世傑の術文を現代語訳すると，次のようになる．

$x = \sqrt[3]{h}$ とする．x^3 が高さになり，$D+x$ が底円の長さになる．したがって，円錐の体積は $12\pi V = (2\pi r)^2 h = (D+x)^2 x^3$ であるから，開方の式として

$$-12\pi V + D^2 x^3 + 2Dx^4 + x^5 = 0$$

なる5次方程式が得られる．$\pi = 3$ として計算すれば，術文にある開方の式が出る．

開方の式ができれば，組立除法によってそれを解くことができるから，朱世傑は開平の方法については述べてない．

これについて，賢弘は次のような新しい術文を書いている．賢弘は h に関する開方の式を直接に求めることにしている．

$324V(D^2h+12V)^2$ を左に置き，$(108DV + D^3h + h^2)^2 h$ と左に寄せたものを相消して，5次の開方の式

$$-324V(D^2h+12V)^2 + (108DV + D^3h + h^2)^2 h = 0 \quad (4.6)$$

を得る．

どのようにしてこの式が求められたのかは書かれていないが，おそらく次のようにして求めたと思われる．

$$12\pi V = (D + h^{1/3})^2 h = (D^2 + 2Dh^{1/3} + h^{2/3})h$$

であるから，これを整理すれば，
$$h^{5/3} + 2Dh^{4/3} + (D^2h - 12\pi V) = 0$$
となる．ここで3乗化をすれば
$$h^5 + 8D^3h^4 + (D^2h - 12\pi V)^3 - 3 \cdot 2Dh^3(D^2h - 12\pi V) = 0$$
となる．hについて整理して，
$$h^5 + 2D^3h^4 + (D^6 + 72\pi DV)h^3 - 36\pi D^4 Vh^2 + 3 \cdot 12^2\pi^2 D^2 V^2 h - 12^3 V^3 = 0$$
である．ここで，hの3次以上の項を平方完成すると
$$h(h^2 + D^3h + 36\pi DV)^2 - 12\pi V(9D^4h^2 + 6 \cdot 12\pi D^2Vh + 12^2\pi^2 V^2) = 0$$
となる．低位の項も，良く見ると平方が完成できるので，最終的に
$$h(h^2 + D^3h + 36\pi DV)^2 - 12\pi V(3D^2h + 12\pi V)^2 = 0$$
となる．$\pi = 3$としてみれば，(4.6) と同じ方程式である．

ここでは見易いように，$V = 3072$ と $D = 61$ を記号 V, D によって表わしたが，『算学啓蒙諺解』では，朱世傑の原文も賢弘の術文も，最大16桁の数値が算木によって表記されている．賢弘は数値による表記の煩雑さと見通しの悪さを痛感していたことだろう．

4.4 『発微算法演段諺解』の例

もう一つ，2乗化と3乗化の両方を用いる例をとりあげる．ここでは和算書の読み方の練習も兼ねて，『発微算法』と『発微算法演段諺解』の第4問部分の原文を実際に読んでみたい．2乗化するまでを丁寧に解説し，それから先は読者に実際に読んでもらうことにしよう．

4.4.1 『発微算法』の問題と解答

『発微算法』の第4問部分を図 4.1 に示す．

図 4.1 で，欄外に「四」と書いてあるところからが問題で，左のページの後ろから4行目，○印で始まる一文字下がったところが解答である．「答曰」

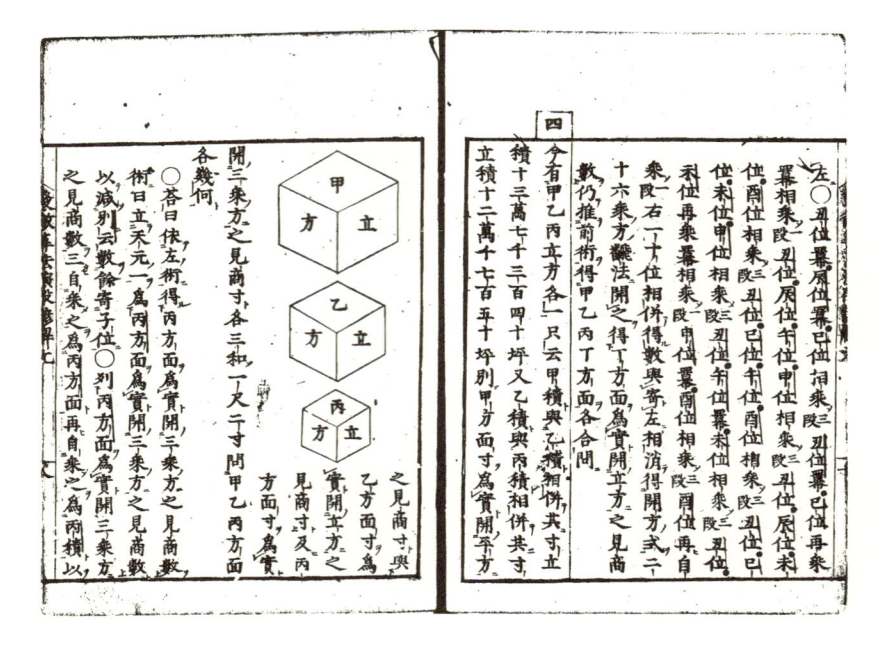

図 4.1 建部賢弘『発微算法演段諺解』（東北大学狩野文庫 7.20571.4, 7 丁裏〜8 丁表）．元巻（第 1 巻），第四問冒頭部分．元巻は関孝和の『発微算法』の復刻である．第 2 巻から第 4 巻までが賢弘の解説である．

（答えて曰く）とあるからすぐわかるであろう．まずこの問題の漢文を読み下し，さらに現代語訳しておこう．写真と見比べながら読んでほしい．

　　　今，甲乙丙立方各一あり．只云う，甲積と乙積と相併せてともに寸立積十三万七千三百四十坪．また乙積と丙積と相併せてともに寸立積十二万千七百五十坪．別に甲方面寸を実となし平方に開くの見商寸と乙方面寸を実となし立方に開くの見商寸と，及び丙方面寸を実となし三乗の方に開くの見商寸と各三和して一尺二寸．甲乙丙方面各幾何と問う．

　　　今，甲乙丙の立方体がそれぞれ一つある．ただし甲の体積と乙の体積は相併せて 137340 坪である．また乙の体積と丙の体積は相併せて 121750 坪である．これとは別に，甲の一辺の平方根と乙の一辺の立方

根と丙の一辺の 4 乗根を三つ合わせると 1 尺 2 寸である．甲乙丙の一辺はそれぞれいくらか．

「坪」は土地面積の単位として用いられるときは 6 尺四方，約 3.3 平方メートル，土砂などの体積の単位として用いられるときは 6 尺立方，約 6 立方メートルのことである．ちなみに，尺は明治時代に 1 尺 = 10/33 メートルと定められた．今日でも不動産などでは土地や建物の面積を坪であらわすこともある．この場合，1 坪はおよそ畳 2 枚分の広さである．また，高価な織物などの面積として 1 寸 (約 3.03 センチメートル) 四方を表すこともある．ここでは「寸立積……坪」とあるから，この「坪」は 1 立方寸のことであろう．

問題文中の「平方に開くの見商寸」とは「平方に開いた結果得られる商」という意味である．「見商」は「計算の結果得られた商 (答えとして得られる数)」という意味である．同様に「立方に開くの見商寸」，「三乗の方に開くの見商寸」はそれぞれ順に「立方根に開いて得られる商」，「4 乗根を開いて得られる商」を意味する．「三乗に開く」が「3 乗根」ではなく「4 乗根」であることに注意してほしい．

「商」というのは今日では割り算をしたときの答えのことだが，江戸時代にはもっと幅広く用いられていて，平方に開いたものや，三乗に開いたものも商と呼ばれていた．また方程式の解も商と呼ばれた．これらの区別は前後関係から判断しなくてはならないが，慣れてくると間違えることはなくなる．だからこそ，江戸時代にはみな「商」と呼んでいたわけである．

さて，問題を現代の記法で書くと，要するに甲乙丙の一辺の長さをそれぞれ a 寸，b 寸，c 寸とするとき，

$$a^3 + b^3 = 137340 \tag{4.7}$$

$$b^3 + c^3 = 121750 \tag{4.8}$$

$$\sqrt{a} + \sqrt[3]{b} + \sqrt[4]{c} = 12 \tag{4.9}$$

を解けということである．

ところで，甲，乙，丙，… というのは十干（じっかん）と呼ばれるもので，全部で

甲（こう），乙（おつ），丙（へい），丁（てい），戊（ぼ），己（き），庚（こう），辛（しん），壬（じん），癸（き）

の十個ある．これを順に五行の陽（兄（え）），陰（弟（と））に当てはめ，

甲, 乙, 丙, 丁, 戊, 己, 庚, 辛, 壬, 癸
（きのえ　きのと　ひのえ　ひのと　つちのえ　つちのと　かのえ　かのと　みずのえ　みずのと）

と訓読みする．これを十二支，

子（ねずみ），　丑（うし），　寅（とら），　卯（うさぎ），
辰（たつ），　巳（へび），　午（うま），　未（ひつじ），
申（さる），　酉（とり），　戌（いぬ），　亥（いのしし）

と組み合わせたものが，いわゆる干支である．これらは暦に日常用いられたが，江戸時代の数学者はこれらをアルファベットがわりに用いたのである．ほかにも二十八宿の名称など，順に並んでいる漢字を利用することもある．

さて，答えの部分は次のように読める（読み下しと現代語訳をしておく．また，見やすくするために改行した）．

　　　○答えて曰く，左の術によって丙方面を実となし三乗の方に開くの見商数を得る．
　　　術に曰く，天元の一を立て丙方面を実となし三乗の方に開くの見商数となす．以て別にいう数を減じて，余りを子位に寄せる○丙方面を実となし三乗方に開くの見商数を列し，三たびこれを自乗して，丙方面となす．これを再び自乗して丙積となす．

　　　○答えていう．左の術によって丙の一辺の4乗根を得る．
　　　術にいう．天元の一を立てて丙の一辺の4乗根とする．これをもって「別にいう数」を減じて，その余りを子位とする．○丙の一辺の4乗根を置き，これを4乗して丙の一辺とする．これを3乗して丙の体積とする．

つまり，「以下のようにして $\sqrt[4]{c}$ が得られる」といって，その説明に入るのである．それが「術に曰く」以下である．「術に曰く」以下は

　　$\sqrt[4]{c}$ を未知数 x とおき，$12-x$（これは $=\sqrt{a}+\sqrt[3]{b}$ である）を子と名づける．○ $x^4 = c$（丙の一辺），$(x^4)^3 = c^3$（丙の体積）

ということである．

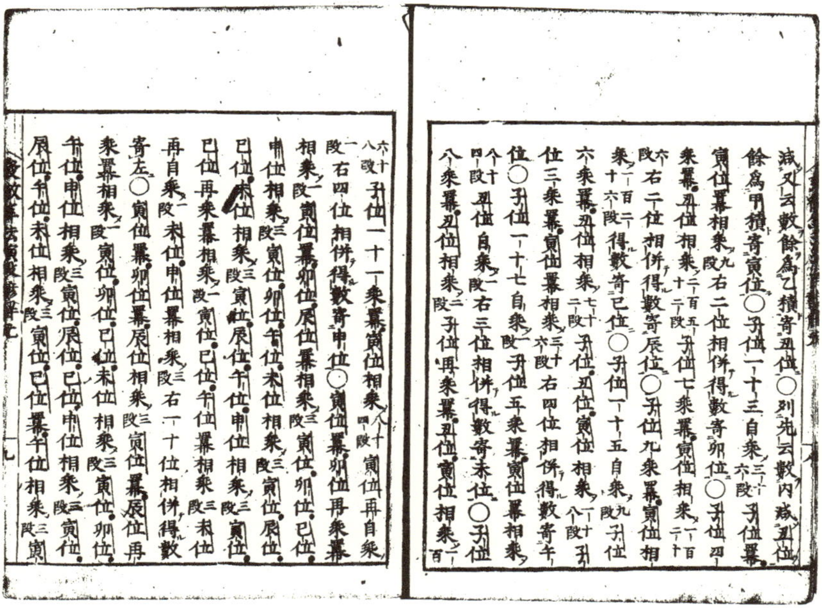

4.4 『発微算法演段諺解』の例 65

図 4.2 建部賢弘『発微算法演段諺解』(東北大学狩野文庫 7.20571.4, 8 丁裏〜9 丁表).
元巻, 第四問続き. 漢字ばかりでうんざりしそうだが, よく見ると, 同じ形式の文言が続
いているのに気づく. たとえば, 36 子[14] は「子を 13 回自乗して 36 段」というように書
かれている.

　「別にいう数」というのは問題文中の「別」(図 4.1 右側最後の行) 以下に
書かれている条件文の中の数値, すなわち 1 尺 2 寸 (同図左側 6 行目) のこ
とである. 同様に「只いう数」は「只」以下に書かれている条件文中の数値
137340, 「又いう数」は「又」以下に書かれている条件文中の数値 121750 の
ことである.
　また, 「自乗」というのは 2 乗のことであるが, 「三たびこれを自乗する」と
いうのは「3 回自分に自分自身を乗ずる」ことであるから, 現代の「4 乗」に
あたる. 以下同様に, 数が 1 ずつずれることに注意してほしい. n 乗根の場
合もそうであった.
　この調子なら関の書いた文章にしたがって, そのまま理解できそうな気も
する. 図 4.2 を読んでみよう (正確にいえば図 4.1 最後の「以」から). 気の

遠くなるような文章であるが，1行目から2行目にかけては，

　　121750 $- c^3 = b^3$ を丑位とする．○ 137340 $- b^3 = a^3$ である．
　　これを寅位とする

ということであるから，これは理解しやすい．

　しかしそのあとは急に難しくなって，一読しただけでは何が書いてあるのか不明としかいいようがない．この点が，『発微算法』を読んだ人々に「本当は解答できていないものをあたかも解答したかのように見せかけている」とか，「間違っている」と思わせた部分である．

　今，簡単のために関の書いている式を現代的に書き直すと次のようになる．ここでは十二支の子，丑，寅，卯，．．．を次の表のようにアルファベットに割り当てておく．

A：子　B：丑　C：寅　D：卯　E：辰　F：巳
G：午　H：未　I：申　J：酉　K：戌　L：亥

まず，

$A = 12 - x$　（x の 1 次式） (4.10)

$B = 121750 - x^{12}$　（x の 12 次式） (4.11)

$C = 137340 - B$　（x の 12 次式） (4.12)

$D = 36A^{14} + 9A^2C^2$　（x の 26 次式） (4.13)

$E = 353A^5B + 126A^8C$　（x の 20 次式） (4.14)

$F = 126A^{10}C$　（x の 22 次式） (4.15)

$G = 9A^{16} + 72A^7B + 18ABC + 36A^4C^2$　（x の 26 次式） (4.16)

$H = A^{18} + 84A^6C^2 + B^2$　（x の 30 次式） (4.17)

$I = 2A^9B + 168A^3BC + 84A^{12}C + C^3$　（x の 36 次式） (4.18)

とする．1行目の○印までが B（丑），2行目の○印までが C（寅），．．．と順に進み，左ページ2行目の○印までが I（申）を述べた部分である．

このとき，x の 102 次式

$$C^2D^3 + 3C^2DE^2 + 3CDFI + 3CDGH + 3CEFH$$
$$+ 3CEGI + CF^3 + 3CFG^2 + H^3 + 3HI^2 \quad (4.19)$$

（左ページ後ろから 4 行目の○印まで）から x の 108 次式

$$3C^2D^2E + C^2E^3 + 3CDFH + 3CDGI + 3CEFI$$
$$+ 3CEGH + 3CF^2G + CG^3 + 3H^2I + I^3 \quad (4.20)$$

を引いて，それを 0 として x に関する 108 次方程式が得られる（図 4.2 は (4.20) の第 7 項めの $3CF^2G$ まで．左下の最後の「寅」は (4.20) 式の第 8 項め CG^3 の C である．原本の次葉の図は省略する）．江戸時代の式の表記法では等号を用いて「左辺 = 右辺」と書くことができず，つねに 左辺 − 右辺 (= 0) としか書けない．「寄左（左に寄せる）」という言葉が図の左ページの後ろから 4 行目の冒頭に見えるが，「左に寄せる」という言葉はあっても，「右に寄せる」という言葉はない．「左に寄せる」という言葉は昔，実際に算木を左に寄せて置いたことの名残かもしれない．

以上のように，(4.10) から (4.20) までが順に書かれているのが元本の『発微算法』なのである．意味が明瞭に了解できるのは A, B, C までであろう．D 以下は何をしているのか，ただちには理解できない．そこで，『発微算法』を読んだ人々に「本当は解答できていないものをあたかも解答したかのように見せかけている」とか，「間違っている」と誤解されたのも，もっともなことである．

この不明な部分を解説したのが賢弘の『発微算法演段諺解』である．それを次に見てみよう．

4.4.2 『発微算法演段諺解』の解説

図 4.3 は『発微算法演段諺解』第 4 問の解説（演段）の最初の部分である．最初に

  甲方を平方に開くの商　　二和あり．甲方あり．乙積あり
  乙方を立方に開くの商

とある．これはどういう意味かというと

68   第4章 和算の確立

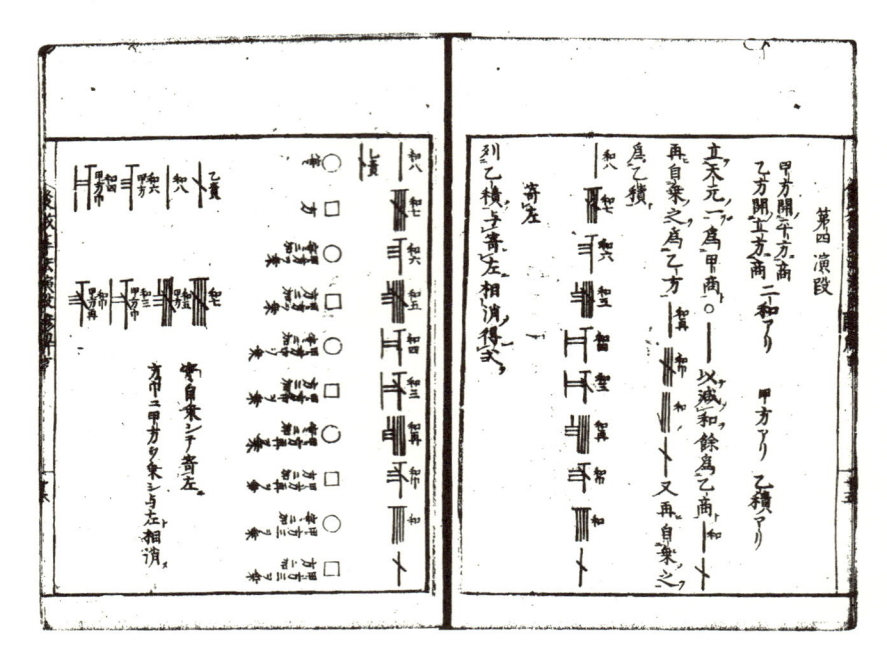

図 4.3 建部賢弘『発微算法演段諺解』(東北大学狩野文庫 7.20571.4, 亨巻, 15 丁裏〜16 丁表). 第四問の演段冒頭部分. 右側 6 行目に上から下までずっと式が書かれているが, 上から順に定数項, 1 次の係数, … と続き, 一番下が 9 次の係数 (-1) である.

$\sqrt{a}+\sqrt[3]{b}$ がある. a がある. b^3 がある

という意味である.「これら三つを既知の量とみて, これらの関係式を求めよう」という, いわば宣言のようなものである. 問題の条件 (4.9) を見ると, $\sqrt{a}+\sqrt[3]{b}$ は $A=12-x$ に等しいから, x であらわされている. また, 条件 (4.8) より b^3 は $B=121750-x^{12}$ に等しいから, b^3 もすでに x であらわされていることがわかる. さらに, 条件 (4.7) より a^3 は $C=137340-b^3=137340-B$ であるから, a^3 も x であらわされている. そこで $\sqrt{a}+\sqrt[3]{b}, a^3, b^3$ と x の関係式を求めれば, $\sqrt[6]{c}$ に関する方程式が得られたことになるのであるが, いきなり求めることが難しいので, まず

$$A=\sqrt{a}+\sqrt[3]{b}, \quad a, \quad b^3 \tag{4.21}$$

の満たす関係式をまず求めてから, a の部分を a^3 の式に変えることを考える

のである．
　さて，これからはいよいよ本題である．まず最初に

　　　天元の一を立て甲商となす

とあり，

$$\begin{array}{c} \bigcirc \\ | \end{array}$$

という式がある．これは $0+1\cdot y$ という意味であるが，y は何かというと，甲商，つまり $\sqrt{a}$ ということである．次に

　　　以て和を減じ，余りを乙商となす

とあり，

$$\begin{array}{c} |\ 和 \\ \times \end{array}$$

という式がある．これは「y で和 (A) を引くと，あまりが乙商 ($\sqrt[3]{b}$) となる」という意味である．これは上の (4.21) 式から

$$A - \sqrt{a} = A - 1 \cdot y = \sqrt[3]{b} \tag{4.22}$$

と変形することをあらわしている．
　ここで読者はきっと $= \sqrt[3]{b}$ はどこに書いてあるのか，と疑問に思うだろう．図を見てもそんなものは書いてない．そう，そんなものは書かないのである．書かないでどうするかというと，文章で書いておいて，それを覚えておくのである．書かないと不便ではないか？　そう，大変不便である．全部書いてくれればわれわれも読みやすいのだが，江戸時代の人はそれを書こうと思わなかった．書くためには等号に該当する記号が何か必要であろうが，そういうものを用意しようとは思わなかったのである．そういうものだから仕方がないのである．何しろ 300 年近くも前の本を直接読もうとしているので，少しくらいのことは我慢しなくてはならない．当時の人々がなぜ等号などを発明しなかったのかについては，もちろん確定的なことはいえないが，あるいは中国伝来の数学の「伝統」形式に固執したのかもしれない．

さて，次へ進むと，

　　　再び之を自乗して，乙方と為す

とあって，

$$\begin{array}{c}|\ \text{和再}\\ \text{Ⅲ}\ \text{和巾}\\ \text{Ⅲ}\ \text{和}\\ |\end{array}$$

という式がある（漢字は横書きにした）.「再び自乗」とは三乗するということだった．何を三乗するのかというと，(4.22) 式の両辺を三乗するのである．そうすると

$$A^3 - 3A^2 y + 3Ay^2 - 1 \cdot y^3 = b \qquad (4.23)$$

が得られる．右辺は b になるが，これは「乙方と為す（する）」という部分に文章で書かれている（「方」というのはここでは立方体の一辺のことであった）．このような式の変形があるということは，当時すでに 3 乗の展開公式

$$(a+b)^3 = a^3 + 3a^2 b + 3ab^2 + b^3$$

は知られていたということである．ところで，式の中にある「和巾」というのは「和の冪(べき)」，つまり「和の二乗」のこと，また「和再」は和の三乗のことである．

ここで最初の方針をもう一度思い出すと，欲しいのは A と a と b^3 の関係式であった．そこで，今得た (4.23) をまた 3 乗するのである．これが次の

　　　又，再び之を自乗して乙積とする

という部分である．式の部分を江戸時代の縦書き表記すると，これだけで一ページを費やしてしまいそうだから，ここでは式を書くだけにしよう．図 4.3 右側の後ろから 3 行目の式をまず現代的に書き直してみてほしい．次のようになるはずである．

$$1 \cdot A^9 - 9A^8 y + 36A^7 y^2 - 84A^6 \cdot y^3 + 126A^5 y^4$$
$$- 126 \cdot A^4 y^5 + 84A^3 y^6 - 36 \cdot A^2 y^7 + 9Ay^8 - 1 \cdot y^9 = b^3 \qquad (4.24)$$

原文に書かれているのはこの式の左辺である．「$= b^3$」というのは頭の中で覚えているだけである．

さて，この式のあとに何気なく

　　　左に寄せる

と書かれている．これは「この式があとから相消される式である」ということを意味している．

　次に

　　　乙積を列し，左に寄せると相消して，式を得る

とある（図 4.3 の右側の最後の行）．これは

　　　乙の体積（乙積）を置いて，これを左に寄せた式 (4.24) から引
　　　いて，式を得る

ということである．これは「$= b^3$」の b^3 を左辺に移項する操作を表す文章で，ここで「式」というのは「$= 0$」という方程式のことである．われわれは等式を書いてきたので，この文章はしごく当たり前のようであるが，等式を書くことのできない江戸時代の人々にとっては，両辺を別々に計算しながら，つねにそれらが等しいということを頭のなかに記憶していたのである．

　ところで，その式はどこにあるかという，それが次に書かれている式である（図 4.3 の左側の第一行目）．よく見ると，一番上が

　　　　　　　十乙積 ｜ 和八

となっている．これが「乙積を列し，左に寄せると相消し」た結果である．念のため，現代風に書いておくと

$$1 \cdot (A^9 - b^3) - 9A^8 y + 36 A^7 y^2 - 84 A^6 \cdot y^3 + 126 A^5 y^4$$
$$- 126 \cdot A^4 y^5 + 84 A^3 y^6 - 36 \cdot A^2 y^7 + 9 A y^8 - 1 \cdot y^9 = 0 \quad (4.25)$$

である．

　さて，原文を見るとこの y の 9 次式には左に○や□のしるしが描かれていて，その左に横向きに何か書かれている．この部分を解読してみよう．まず

一番上の「〇実」というのは定数項のことをである．二番目の「□方」というのは1次の係数のことである．定数項は $-b^3 + A^9$，y の係数は $-9A^8$ である．ここまでは何でもないが，次の

　　　〇甲方を乗じ実に加える

というのは何だろうか．これは，

　　　$36A^7$ に「甲方」すなわち a を掛けて，「実」すなわち定数項に
　　　加える

という意味である．つまり，見た目では

$$\equiv\!\!\top 和六$$

となっているが，これは y の 2 乗の係数であるから，書かれていない部分も補うと $36A^7 y^2$ ということである．そこで $y^2 = a$ と置き換えて定数項に移動すれば良い．このことを述べたのが「甲方を乗じ実に加える」なのである．(4.25) は y の多項式であるが，y は 2 乗するたびに a となるから，結局 y の 9 次式といっても，実際には y の 1 次式なのである．〇は根号 $\sqrt{}$ がちょうど消えて「実」へまとめられる項を示し，□は y が 1 個残って「方」へまとめられる項を示している．そう思って〇印と□印のところの文章を読むと，これは簡単な話である．江戸時代の数学書を読むにはこのようなコツがいくつもある．

このようにしてまとめた結果が図 4.3 左端に書かれている式である．しかしあわてないで，次の図 4.4 を見ていただきたい．この右端に少し書かれている式は図 4.3 左端の続きなのである．このように式が数葉にわたることはよくある．さてこの式を現代風に書くと

$$(-1 \cdot b^3 + 1 \cdot A^9 + 36A^7 a + 126A^5 a^2 + 84A^3 a^3 + 9Aa^4)$$
$$+ (-9 \cdot A^8 - 84A^6 a - 126A^4 a^2 - 36A^2 a^3 - a^4)y = 0 \quad (4.26)$$

となる．これで

$$P + Qy = 0 \quad (4.27)$$

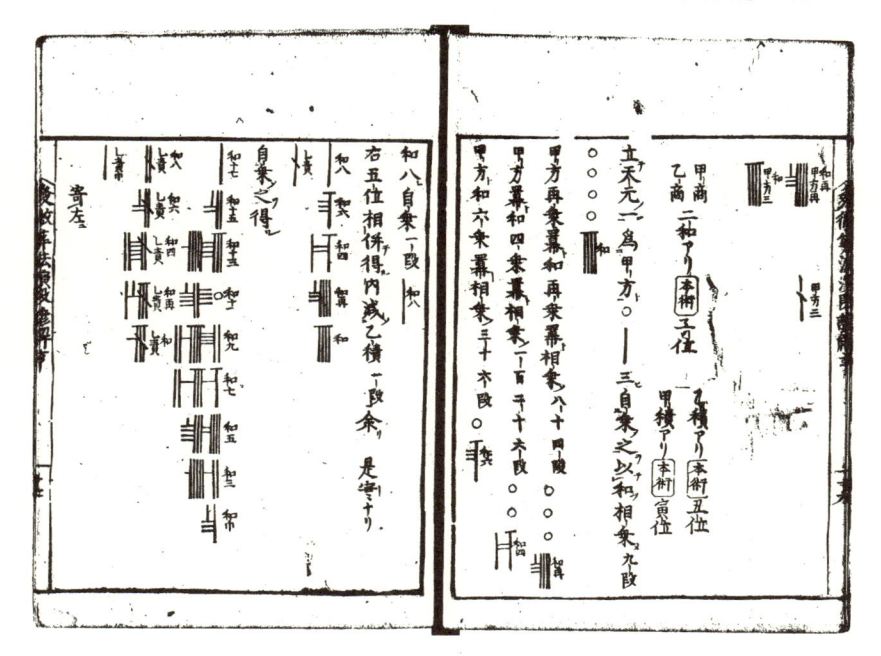

図 4.4 建部賢弘『発微算法演段諺解』(東北大学狩野文庫 7.20571.4, 亨巻, 16 丁裏〜17 丁表). 前図の続き. 右側最初のちょっとした式は図 4.3 左側からはみ出した分である.

という形の式が得られて, P も Q も A と a であらわされているから, 問題は y だけである.

このyをどうするのかが図 4.3 の左下に書かれている. それは

　　　実, 自乗して左に寄せる. 方巾に甲方を乗じ, 左と相消す

である. (4.27) でいうと, P が実, Q が方である. 「実, 自乗して左に寄せる」というのは P^2 を計算して左に置くという意味である. 次の「方巾に甲方を乗じ」というのは Q^2 に a を掛けるという意味である. そしてこれを「左と相消す」というのは

$$P^2 - Q^2 a = 0 \qquad (4.28)$$

とせよ, ということである. これは要するに $P = -Qy$ の両辺を 2 乗して移項する計算, すなわち 2 乗化である.

　図 4.4 の 3 行目からあとは実際に (4.28) を計算する部分である. まず,

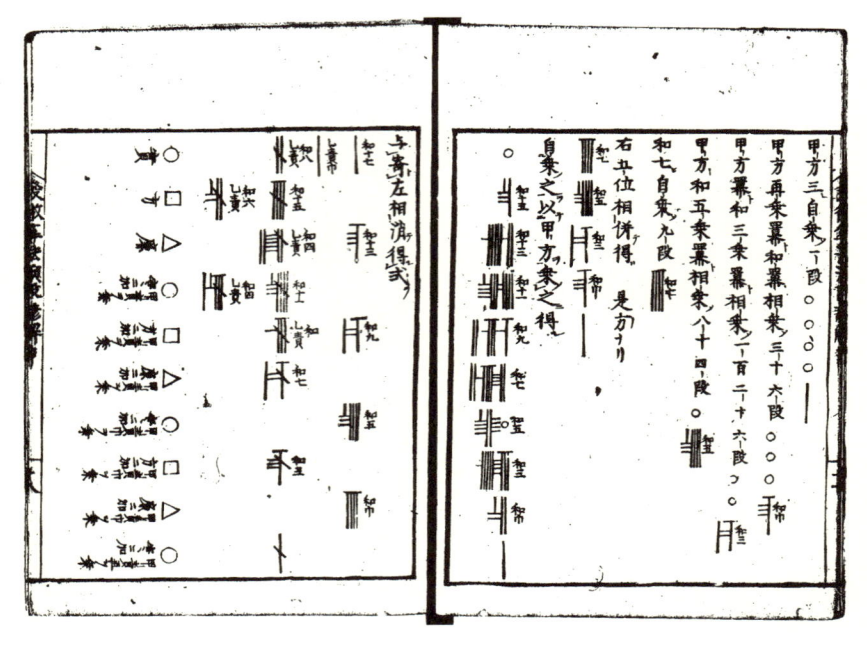

図 4.5 建部賢弘『発微算法演段諺解』（東北大学狩野文庫 7.20571.4，亨巻，17丁裏～18丁表）．前図の続き．

```
甲商                           乙積あり  本術  丑位．
     二和あり  本術  子位．
乙商                           甲積あり  本術  寅位．
```

とある．甲商とは $\sqrt{a}$，乙商とは $\sqrt[3]{b}$ のことである．また，乙積，甲積は乙の体積 b^3，甲の体積 a^3 のことである．したがってこの文は

$\sqrt{a} + \sqrt[3]{b}$ がある（本術の A）．
b^3 がある（本術の B）．
a^3 がある（本術の C）．

という意味である．これは A, a^3, b^3 の関係を求めるという最初の目標を改めて述べたものである．なお，四角で囲まれた本術というのは「『発微算法』の本文に書かれている術」を指す．実際，「二和」というのは『発微算法』の子 (A)，「乙積」というのは『発微算法』の丑 (B)，「甲積」というのは『発微算

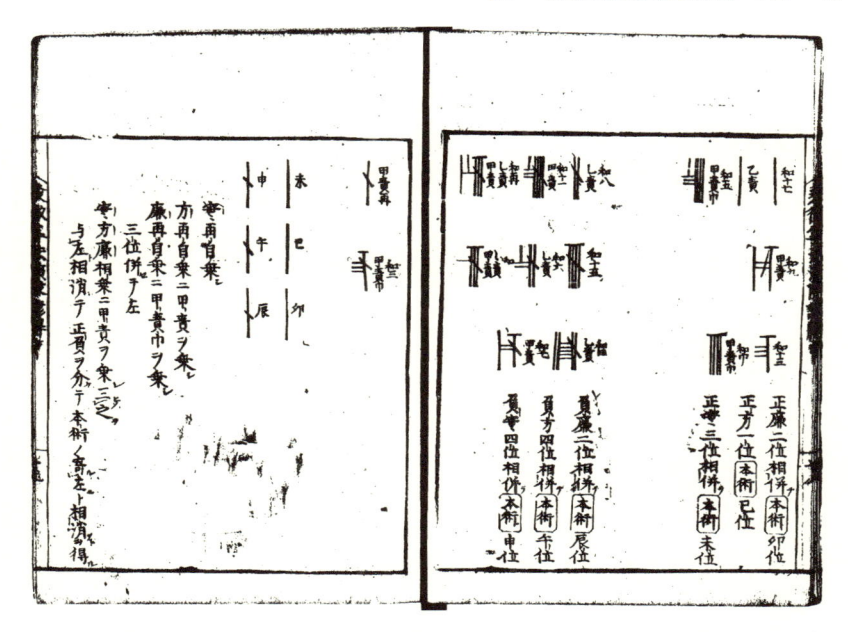

図 4.6 建部賢弘『発微算法演段諺解』(東北大学狩野文庫 7.20571.4, 亨巻, 18 丁裏〜19 丁表). 前図の続き.

法』の寅 (C) である. (4.18) を見てほしい.

さて,以下は実際に原文(図 4.4〜図 4.7)を見ながら解読していただきたい.ここまで読めればあとは読めるはずである.ここでは少しヒントを述べておく.

1. まず P を a の昇冪順(次数の上がってゆく順)に並べる(図 4.4 右側 4 行目〜左側 4 行目).
2. P^2 を計算する(図 4.4 左側 5 行目〜左側終わり).
3. Q を a の昇冪順に並べる(図 4.5 右側 1 行目〜7 行目).
4. aQ^2 を計算する(図 4.5 右側 8 行目〜右側終わり).
5. $P^2 - aQ^2$ を計算する(図 4.5 左側 1 行目〜図 4.6 左側 1 行目).このとき,

$$(H-I) + (F-G)a + (D-E)a^2 \qquad (4.29)$$

の形で係数を計算する(図 4.6 左側 2 行目〜3 行目).ここで H, F, D は正符号を持つもの, I, G, E は負符号を持つものである.

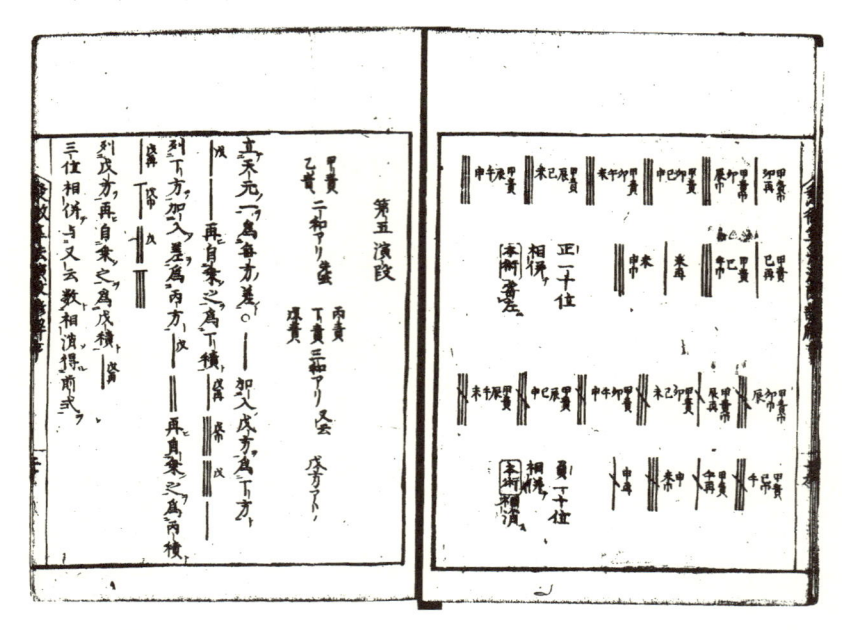

図 4.7 建部賢弘『発微算法演段諺解』（東北大学狩野文庫 7.20571.4，亨巻，19丁裏～20丁表）．前図の続き．

6. ここで 3 乗化

$$(H-I)^3 + (F-G)^3 a^3 + (D-E)^3 (a^3)^2 \\ - 3(H-I)(F-G)(D-E)a^3 = 0 \quad (4.30)$$

を行う（図 4.6 左側 4 行目～図 4.7 右側終わり）

第II部
建部賢弘の数学

第5章　微積でない微積

われわれが微分積分というときは何を意味しているのだろうか．おそらく現在の大学で「微分積分学」として教えられている教科の内容といって良いだろう．とりあえず1変数の微分積分を考えよう．まず，座標平面が大前提で，関数が与えられるとそのグラフによって，関数が幾何学的に捕らえられる．そして，接線を論じたり，グラフの囲む図形の面積を論じたりするのである．これが，われわれの考える微分積分学の枠組みである．

江戸時代の関孝和や賢弘は，座標平面という概念を持たなかった．しかし，微分積分学で扱う数学対象を，もっぱら数値的な方法で取り扱って，現代の微分積分学でも難しい問題を解決していったのである．

座標平面の概念はないにもかかわらず，『綴術算経』には，微分積分学の萌芽をいくつか認めることができる．

1. 賢弘は，多項式 $P(x)$ が極大値を取るとき，その導関数 $P'(x)$ がゼロになることを知っていた．
2. 賢弘は，球の体積の公式から球の表面積の公式を，数値微分法によって導くことを知っていた．
3. 賢弘は，球の体積の公式を，区分求積法によって求めることができた．
4. 賢弘は，逆三角関数のテイラー展開を，微積によらず，数値的な工夫によって，発見できた．

5.1　極値問題

『綴術算経』第6「直堡極積を求る術を探る」では，3次関数の極値問題を論じている．グラフもないのに，極値を論ずるのである．多項式 $f(x) =$

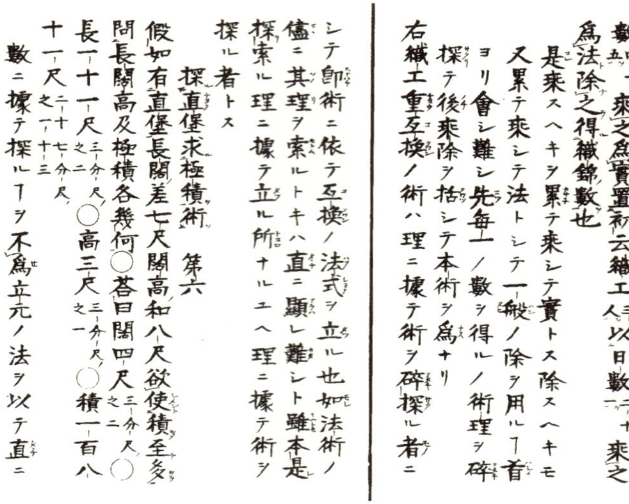
有ル者ハ遷源ヲ失ス故ニ先乗後除ノ法式ヲ
立テ括術ヲ爲リ
解題本術 置初云錦四以後云織工七人乗之而以日
數五十乗之爲實置初云織工三人以日數二十乗之
爲法除之得織錦數也
是乗スヘキヲ累テ乗シテ實トス除スヘキモ
又累テ乗シテ法トシテ一般ノ除ヲ用ルヿ首
ヨリ會シ難シ先毎一ノ數ヲ得ルノ術理ヲ砕
探テ後乗除ヲ括シテ本術ヲ爲ナリ
右織工重互換ノ術ハ理ニ據テ術ヲ砕探ル者ニ
シテ卽術ニ依テ互換ノ法式ヲ立ル也如法術ノ
儘ニ其理ヲ索ルトキハ直ニ顯レ難シト雖本是
探索ル理ニ據テ立ル所ナルユヘ理ニ據テ術ヲ
探ル者トス
探直堡求極積術　第六
假如有直堡長闊差七尺闊高和八尺欲使積至多
問長闊高及極積各幾何◯荅曰闊四尺三分尺之二◯
長一十一尺三分尺之二◯高三尺三分尺之一◯積一百八
十一尺二十七分尺之十三
數ニ據テ探ルヿヲ不爲立元ノ法ヲ以テ直ニ

図 5.1　建部賢弘『綴術算経』(国立公文書館内閣文庫，21 丁裏～22 丁表)．22 丁表 5 行目より，直方体の極大値を求める方法が述べてある．

$a + bx + cx^2 + dx^3$ の極値は，2 次方程式 $b + 2cx + 3dx^2 = 0$ の根において実現されるという事実を，微分の考え方を知らないで，賢弘は発見している．

ところで，この極値を求める問題は，『綴術算経』にはあるが『不休建部先生綴術』には載せられていない．構成上の都合といえばもちろんそうなのであるが，極値を求めるというわれわれに多大な興味をひき起こす問題が両方でとりあげられていないのは意外である．しかし，翻って考えてみると，極値問題が当時それほど重要視されていなかったということでもある．実際，歴史的には，どの問題が重要視されるかは時代や地域によって異なっていて，われわれが重要だと思う問題が，必ずしも彼らにとって重要なわけではないのである．

5.1.1　算盤代数と組立除法

まず，図 5.1 の左側を見てほしい．『直堡の極積を求むる術を探る』という章は，問と答という形式ではじまる．

問：直方体があり，長辺と短辺の差は 7 尺，短辺と高さの和は 8 尺と

する．その体積を最も大きくしたい．そのときの長辺，短辺，高さ及び最大の体積はそれぞれいくらか．

答：短辺は 4 尺と 2/3．長辺は 11 尺と 2/3．高さは 3 尺と 1/3．体積は 181 尺と 13/27．

ここで，体積の単位は 尺^3 であるべきだが，賢弘は単位の次元に関して無頓着で，尺としている．現代流にこの問を解けば，x で短辺を表すと，長辺は $7+x$，高さは $8-x$ なので，体積は

$$V(x) = x(7+x)(8-x) = 56x + x^2 - x^3 \tag{5.1}$$

となる．体積を極大にする x は，$V(x)$ の導関数を 0 にするので，$V'(x) = 56 + 2x - 3x^2 = (4+x)(14-3x) = 0$ を満たす．この 2 次方程式の正の根は，$x = 14/3$ である．このように，簡単に求めることができる．

さて，『綴術算経』のテキストに戻ろう．図 5.1 の最終行から図 5.2 の 4 行目にかけては次のように書いてある．

数値にたよって調べることはしない．立元(りゅうげん)の法で直接に理論的に述べる．天元の 1 を置いて，その配置 |0|1| を短辺とする．これに，差を加えて |1|差|1| を長辺とする．また，和から短辺を引いて |1|和|−1| を高さとする．短辺と長辺と高さを掛け合わせて，

実級	方級	廉級		隅級
0	1 差和	−1 差	+1 和	−1

を直方体の体積とする．（原文では，+1 は赤い棒で，−1 は黒い棒で表されている．

現代数学の記号を使えば，次のようにいえる．短辺を不定元 x で表す．すると，長辺は (差$+x$)，高さは (和$-x$)，体積は，

$$x(差+x)(和-x) = 差和\, x + (和-差)x^2 - x^3 \tag{5.2}$$

と表せる．問では数値で与えられている「差」と「和」が文字のまま使われている．これが傍書法の始まりである．しかし，最終的に 1 変数の代数方程式にして，「開方術」で数値解を求めるのが和算の作法であった．不定元 x を文字で表すことはせずに，方級に 1 を置いて，「天元の一を立て」てできる算盤上の配列をもって不定元を表すという「天元術」に固執していたのである．

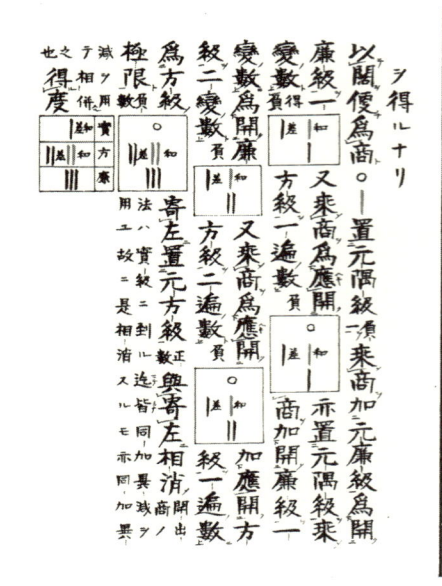

図 5.2 建部賢弘『綴術算経』(国立公文書館内閣文庫, 22丁裏〜23丁表). 算木を用いて3次多項式と, その導関数が記述されている. 原本は, 2色刷りで, 正の数字を表す算木は朱色で, 負の数字を表す算木は墨色である. 注意深く見ると, 朱色は薄くなっている.

賢弘を始めとする和算家たちは, 微分は知らなかったが, 次の多項式の変形は自由自在にできた. すなわち, 多項式

$$P(x) = a + bx + cx^2 + dx^3 \tag{5.3}$$

と q を与えたとき,

$$P(x) = a' + b'(x-q) + c'(x-q)^2 + d'(x-q)^3 \tag{5.4}$$

の係数 a', b', c', d' を, q と a, b, c, d で計算することは, 組立除法といいもっとも基本的な操作であった. 現代数学では, (5.4) は, 1次と2次の導関数を用いて表すテイラー展開 (5.5) と認識するのが自然である.

$$P(x) = P(q) + P'(q)(x-q) + \frac{P''(q)}{2}(x-q)^2 + \frac{P'''(q)}{3!}(x-q)^3 \tag{5.5}$$

$b' = P'(q)$ であるので, 多項式の導関数の概念はあったと強弁することもできるが, 和算家たちはこれを組立除法の際に出てくる係数として認識してい

たので，微分や導関数の概念が和算にあったとはいえない．『綴術算経』第6を見ると，3次多項式 $P(x)$ が $x = q$ で極値を取るときに $P'(q) = 0$ となることが示されている．

現代数学を知るものにとっては，多項式を (5.3) や (5.4) のように表記するのに何も疑問を感じないだろうが，第3章で述べたように，中国伝統数学や和算では，多項式は係数だけを用いて縦ベクトルで表示した．すなわち，算盤上で，(5.3) あるいは (5.4) で与えられる多項式 $P(x)$ を次のように表示したのである．

	商
a	実級
b	方級
c	廉級
d	隅級

あるいは，

q	商
a'	実級
b'	方級
c'	廉級
d'	隅級

以下，スペースの節約のために，縦横を転置して書く．

(5.3) から (5.4) への計算は，組立除法では算盤上を下から上へと掛け上がって行う．第3章ですでに述べたが，重要な操作であるので，別の言葉で説明しよう．算盤を転置した表記では，次のように「下から上へ」は「右から左へ」となる．ここで，+) の付いている個所の加法は，算盤上の操作では，一瞬にして行われてしまう．ソロバンで足し算をするときと同様で，数の置いてあるところに新しい数を置くと，足し算が実行されてしまうからである．

商	実級	方級	廉級	隅級
	a	b	c	d
$q)$	a	b	c	d
+)	$(b+(c+dq)q)q$	$(c+dq)q$	dq	
	$a+(b+(c+dq)q)q$	$b+(c+dq)q$	$c+dq$	d
+)		$(c+2dq)q$	dq	
	$a+(b+(c+dq)q)q$	$b+(c+dq)q+(c+2dq)q$	$c+2dq$	d
+)			dq	
q	$a+(b+(c+dq)q)q$	$b+(c+dq)q+(c+2dq)q$	$c+3dq$	d
q	a'	b'	c'	d'

このようにして，初め

商	実級	方級	廉級	隅級
	a	b	c	d

(5.6)

であった配列（多項式 (5.3) に相当）から，算盤上の操作によって，新しい

商	実級	方級	廉級	隅級
q	a'	b'	c'	d'

(5.7)

という配列（多項式 (5.4) に相当）が求まるのである．

組立除法を繰り返すことを考えよう．

$$\begin{aligned} P(x) &= a + bx + cx^2 + dx^3 \\ &= a' + b'(x-q) + c'(x-q)^2 + d'(x-q)^3 \\ &= a'' + b''(x-q-q') + c''(x-q-q')^2 + d''(x-q)^3 \end{aligned} \quad (5.8)$$

の a'', b'', c'', d'' を求めるには，配列 (5.7) に対して，商 q' を用いて，組立除法を行えば良い．その結果

商	実級	方級	廉級	隅級
$q+q'$	a''	b''	c''	d''

(5.9)

が得られる．このように配列 (5.6) から配列 (5.7) へ，配列 (5.7) から配列 (5.9) へと組立除法を繰り返して多項式の変形 (5.8) が実行されたのである．

何回かの操作で，実級が 0 になれば，そのときの商 $q+q'+\cdots$ が $P(x)=0$ の根を与える．これが，開方術であるが，$P(x) = x^2 - 2$ のようなときは開平術といい，$P(x) = x^3 - 2$ のようなときは開立術という．これは『九章算術』（漢の時代）以来知られていることである．また，廉級および隅級が 0 であれば，この操作は筆算による除法と同じなので，開平をすることを（あるいは一般の代数方程式を数値的に解くことを）「開平に除する」といった．

多項式の値を求めるためには，組立除法を繰り返して行ったと考えられる．例として，(5.1) の $V(x)$ を変数変換した多項式

$$W(x) = 27V(x/3) = 504x + 3x^2 - x^3 = x(24-x)(21+x) \quad (5.10)$$

を考えよう．この多項式は算盤上の表記では，

商	実級	方級	廉級	隅級
0	0	504	3	-1

(5.11)

となる．(5.11) の商に 1 を加えて，組立除法を実行すると，

商	実級	方級	廉級	隅級
1	506	507	0	-1

(5.12)

となる．(5.12) の商に 1 を加えて，組立除法を実行すると，

商	実級	方級	廉級	隅級
2	1012	504	-3	-1

(5.13)

となる．このように順々に商に 1 を加えて，組立除法を実行する．次のような結果が得られる．

商	実級	方級	廉級	隅級	商	実級	方級	廉級	隅級
0	0	504	0	-1	13	4862	75	-33	-1
1	506	507	3	-1	14	4900	0	-36	-1
2	1012	504	0	-1	15	4860	-81	-39	-1
3	1512	495	-3	-1	16	4736	-168	-42	-1
4	2000	480	-6	-1	17	4522	-261	-45	-1
5	2470	459	-9	-1	18	4212	-360	-48	-1
6	2916	432	-12	-1	19	3800	-465	-51	-1
7	3332	399	-15	-1	20	3280	-576	-54	-1
8	3712	360	-18	-1	21	2646	-693	-57	-1
9	4050	315	-21	-1	22	1892	-816	-60	-1
10	4340	264	-24	-1	23	1012	-945	-63	-1
11	4576	207	-27	-1	24	0	-1080	-69	-1
12	4752	144	-30	-1					

(5.14)

この表の実級に，多項式 $W(x)$ の $x = 0, 1, 2, \ldots, 24$ に対する値が次々に計算されている．方級，廉級，隅級の計算も次の段階の組立除法のために必要であるので，和算家たちは，このようにして多項式の数表を作ったのであろう．

すると，実級が最大値 4900 になるところ，すなわち，商が 14 となるところでは，方級が 0 となっている．実級が最大（あるいは最小）になるところでは方級が消えることを，色々な多項式で確かめて，賢弘は，多項式が極値を取るとき，方級が 0 になることを知ったのであろう．

『綴術算経』23 丁表（図 5.2 の左側）の 2 行目からは，多項式の 導関数 = 0 という方程式（度）の導き方が書いてある．これは，組立除法のアルゴリズムを述べたものである．

商を $\boxed{0\,1}$ で表す (q)．もとの隅級 -1 をこれに掛け (dq)，もとの廉級 -1 差 $+1$ 和 に加えると

$$\boxed{-1\,差+1\,和\ |\ -1} \tag{5.15}$$

となる $(c+dq)$．またこれに商を掛けると

$$\boxed{0\ |\ -1\,差+1\,和\ |\ -1} \tag{5.16}$$

となる $((c+dq)q)$．

次に，もとの隅級を置いて商を掛け (dq)，(5.15) を加えると

$$\boxed{-1\,差+1\,和\ |\ -2} \tag{5.17}$$

となる $(c+2dq)$．これに商を掛ければ

$$\boxed{0\ |\ -1\,差+1\,和\ |\ -2} \tag{5.18}$$

となる $((c+2dq)q)$．これに (5.16) を加えると，

$$\boxed{0\ |\ -2\,差+2\,和\ |\ -3} \tag{5.19}$$

となる $((c+dq)q+(c+2dq)q)$．(5.19) を符号を変えて左に寄せておく．

次に，もとの方級を置いて，左に寄せておいたものと相消すと方程式

$$\begin{array}{|c|c|c|}\hline 実級 & 方級 & 廉級 \\ \hline 1\,差和 & -2\,差+2\,和 & -3 \\ \hline \end{array} \tag{5.20}$$

を得る $(b+(c+dq)q+(c+2dq)q = 0$．すなわち，$b+2cq+3dq^2 = 0)$．

ここで，最後の方程式 (5.20) の実級は，図 5.2 では，−1 差和 となっており，符号が正しくない．しかし，23 丁裏の解題本術は正しいので，これは，赤字であるべきところが黒字になっている色刷りの間違いである．

このように『綴術算経』第 6 では，組立除法のアルゴリズムを式で表記することに成功しているが，その抽象化は不十分である．扱う多項式は 3 次のみであるが，17 世紀の数学記号では，一般の次数の多項式を表記することができなかった．配列 (5.15)〜(5.19) は多項式を表すが，同じ形の (5.20) は，方程式を表している．どちらの意味なのかは，文脈からしか判らない．このように，数学記号が未発達であったので，賢弘は説得性のある説明ができていない．このことも『綴術算経』第 6 が，『不休建部先生綴術』に不採用になっている原因の一つであろう．

5.2 数値微分

5.2.1 増約術と損約術

数列 x_k が与えられたとき，その極限を求めることを考える．江戸時代の数学では，数値計算は非常に発達していたが，式の計算は現代のように発達していなかった．以下に述べることは，現代数学から見たあと知恵である．

5.2.2 増約の術

階差数列を $y_k = x_k - x_{k-1}$ と置こう．数列 x_k の極限は

$$x_k + (x_{k+1} - x_k) + (x_{k+2} - x_{k+1}) + \cdots = x_k + y_{k+1} + y_{k+2} + \cdots$$

であると考え，

$$
\begin{aligned}
& x_k + y_{k+1} + y_{k+2} + y_{k+3} + \cdots \\
&= x_k + y_{k+1} + y_{k+2}\left(1 + \frac{y_{k+3}}{y_{k+2}}\left(1 + \frac{y_{k+4}}{y_{k+3}}\left(1 + \cdots\right)\right)\right) \\
&= x_{k+1} + y_{k+1}\left(\frac{y_{k+2}}{y_{k+1}}\left(1 + \frac{y_{k+3}}{y_{k+2}}\left(1 + \frac{y_{k+4}}{y_{k+3}}\left(1 + \cdots\right)\right)\right)\right) \\
&\sim x_{k+1} + y_{k+1}\frac{\frac{y_{k+2}}{y_{k+1}}}{1 - \frac{y_{k+2}}{y_{k+1}}}
\end{aligned}
$$

$$= x_{k+1} + \frac{(x_{k+1} - x_k)(x_{k+2} - x_{k+1})}{(x_{k+1} - x_k) - (x_{k+2} - x_{k+1})}$$

この近似は,
$$\frac{y_{k+2}}{y_{k+1}} = \frac{y_{k+3}}{y_{k+2}} = \cdots = r \tag{5.21}$$
となっていれば,すなわち,階差数列が公比 r の幾何級数となっていれば正確で,
$$x_{k+1} + \frac{y_{k+1} r}{1 - r}$$
を与える.

$x_1, x_2, x_3, \ldots, x_N$ が数値的に求まったとき,極限値 $\lim x_n$ の近似値として,
$$\begin{aligned} x_{N-1} + \frac{y_{N-1} y_N}{y_{N-1} - y_N} &= x_{N-1} + \frac{(x_{N-1} - x_{N-2})(x_N - x_{N-1})}{(x_{N-1} - x_{N-2}) - (x_N - x_{N-1})} \\ &= \frac{x_{N-1}^2 - x_{N-2} x_N}{2 x_{N-1} - x_N x_{N-2}} \end{aligned} \tag{5.22}$$
を採用するという加速近似法を増約術といった.

5.2.3 損約術

各 x_k は正の数であるとしよう.

数列 x_k が単調増大の場合は,階差数列 y_k の各項はすべて正となるので,増約術 (5.22) に出てくる数はすべて正数である.しかし,数列 x_k が単調減少であれば,y_k はすべて負となってしまう.江戸時代初期の数学でも,負の数の概念は確立しており,正負の数を自由に加減乗除できたのであるが,ソロバンの上に数を置いて操作することを考えれば,負数は正数より扱いにくい.そこで,負数をなるべく用いないように「術」を作った.損約術もその一つである.

すなわち,x_k が単調減少の場合,$z_k = x_{k-1} - x_k = -y_k \geq 0$ と置く.$x_1, x_2, x_3, \ldots, x_N$ が数値的に求まったとき,真の値の近似値として,
$$x_{N-1} - \frac{z_{N-1} z_N}{z_{N-1} - z_N} \tag{5.23}$$
を採用する.これを損約術といった.もちろんこの値は増約術 (5.22) と同一であるが,損約術 (5.23) に現れる数はすべて正であるので,ソロバン上の計算に適した表現なのである.

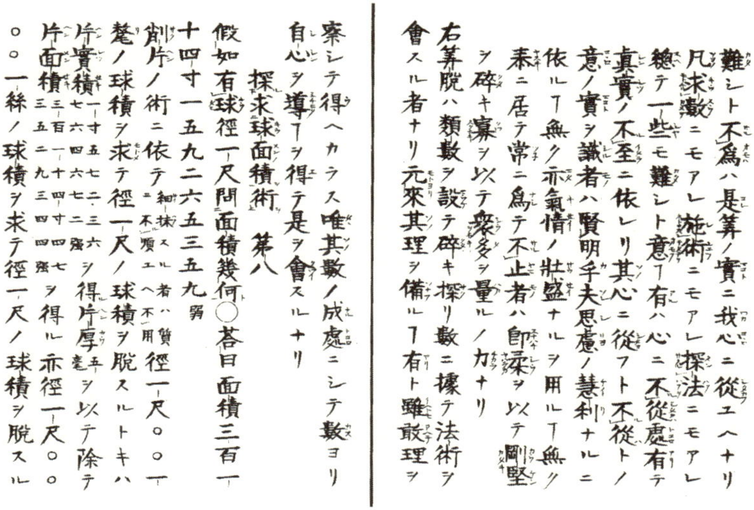
難シト不爲ハ是筭ノ實ニ我心ニ從ユヘナリ
凡球數ニモアレ旋術ニモアレ探法ニモアレ
總テ一些モ難シト意フ有ハ心ニ不從處有テ
眞實ノ不至ニ依レリ其心ニ從フト不從トノ
意ノ實ヲ識者ハ賢明乎夫思慮ノ慧利ナルニ
依ルヿ無ク亦氣情ノ壯盛ナルヲ用ルヿ無ク
泰ニ居テ常ニ爲テ不止者ハ卽柔ヲ以テ剛堅
ヲ碎キ寡ヲ以テ衆多ヲ量ルノ力ナリ
右筭脱ハ類數ヲ設テ碎キ探リ數ニ據テ法術ヲ
會スル者ナリ元來其理ヲ備ルヿ有ト雖敢理ヲ
察シテ得ヘカラス唯其數ノ成處ニシテ數ヨリ
自心ヲ導ヿヲ得テ是ヲ會スルナリ
探求球面積術　第八
假如有球徑一尺問面積幾何○荅曰面積三百一
十四寸一五九二六五三五九弱
劄片ノ術ニ依テ細抹スル者ハ質ニ不須ユヘ不用徑一尺○○一
釐ノ球積ヲ求テ徑一尺ノ球積ヲ脱スルトキハ
片實積一寸五七二三六七六四六七二強ヲ得片厚五毫ヲ以テ除テ
片面積三百一十四寸四四三五二九三四四強ヲ得ル亦徑一尺○○
○一絲ノ球積ヲ求テ徑一尺ノ球積ヲ脱スル

図 5.3　建部賢弘『綴術算経』（国立公文書館内閣文庫，26 丁裏～27 丁表）．球の体積の公式を半径で微分すれば，球の表面積の公式が得られることを数値的に示している．

5.2.4　賢弘による薄皮饅頭の方法

『綴術算経』第 8「球面の積を求むる術を探る」では，薄皮饅頭の方法で，球の体積の公式から球の表面積の公式を求めているが，これは数値微分法ということができる．

図 5.3 の左側 3 行目から始まる『綴術算経』第 8 も，問と答の形式で始まり（図 5.3 左側 4，5 行），術文（解題本術，図 5.5 の 3，4 行）で完結する．

> 問：球があって直径を 1，即ち，10 寸とする．このとき，球の表面積はいくらか．
>
> 答：面積は，314 寸^{2}159265359 弱 である．
>
> 解題本術：球の直径を置き，自乗し，円の周率をこれに掛け，円の径率でこれを割り，球の表面積を得る．

円の周率と径率の比が，今日でいう円周率 π に相当した．円の周率 22，径率 7 を疎率といい，円の周率 355，径率 113 を密率といった．ここの答で与えている円周率は，12 桁正しいので，$355/113 = 3.1415929\ldots$（7 桁正しい）

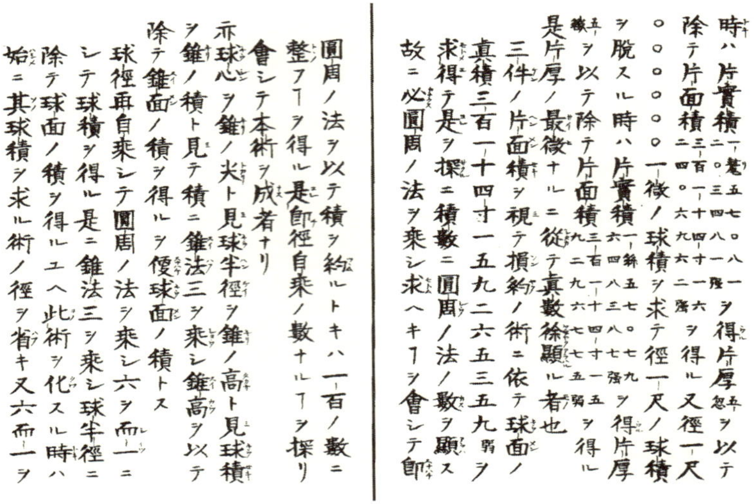

時ハ片實積一毫五七〇八一二〇三四八一弱ヲ得片厚五忽ヲ以テ
除テ片面積三百一十四寸一六二四〇六九六二強ヲ得ル又徑一尺
〇〇〇〇〇〇一微ノ球積ヲ求テ徑一尺ノ球積
ヲ脱スル時ハ片實積一絲五七〇七九六四八三八七強ヲ得片厚
五微ヲ以テ除テ片面積三百一十四寸一五九二九六七七五弱ヲ得ル
是片厚ノ最微ナルニ從テ真數徐顯ル者也
三件ノ片面積ヲ視テ損約ノ術ニ依テ球面ノ
真積三百一十四寸一五九二六五三五九弱ヲ
求得テ是ヲ探ニ積數ニ圓周ノ法ノ數ヲ顯ス
故ニ必圓周ノ法ヲ乘シ求ヘキヿヲ會シテ卽
圓周ノ法ヲ以テ積ヲ約ルトキハ一百ノ數ニ
整フヿヲ得ル是卽徑自乘ノ數ナルヿヲ採リ
會シテ本術ヲ成者ナリ
亦球心ヲ錐ノ尖ト見球半徑ヲ錐ノ高ト見球積
ヲ錐ノ積ト見テ積ニ錐法三ヲ乘シ錐高ヲ以テ
除テ錐面ノ積ヲ得ルヲ便球面ノ積トス
球徑再自乘シテ圓周ノ法ヲ乘シ六ヲ而一ニ
シテ球積ヲ得ル是ニ錐法三ヲ乘シ球半徑ニ
除テ球面ノ積ヲ得ルユヘ此術ヲ化スル時ハ
始ニ其球積ヲ求ル術ノ徑ヲ省キ又六而一ヲ

図 5.4　建部賢弘『綴術算経』(国立公文書館内閣文庫，27 丁裏～28 丁表)．承前

より正確であることを注意しておく．

解題本術を導くのに，賢弘は「削片の術」を提唱している．これは，球を薄皮饅頭と見立てて，その薄皮の体積を求め，それを薄皮の厚さで割れば球の表面積を近似できると考えて，数値計算をしてみる方法である．球の体積の公式は次節で述べるように知られていた．賢弘は，図 5.3 の左側 6 行目から次のような数値計算を記している．

1) 直径 10.01 寸 の球の体積から直径 10 寸 の球の体積を引けば，

$$1\ 寸^3 57236764672\ 強$$

を得る．厚さ 0.005 寸 で割れば，片面積 $s_1 = 314\ 寸^2 473529344$ 強 を得る．

2) 直径 10.0001 寸 の球の体積から直径 10 寸 の球の体積を引けば，

$$0\ 寸^3 0157081203481\ 強$$

を得る．厚さ 0.00005 寸 で割れば，片面積 $s_2 = 314\ 寸^2 162406962$ 強 を得る．

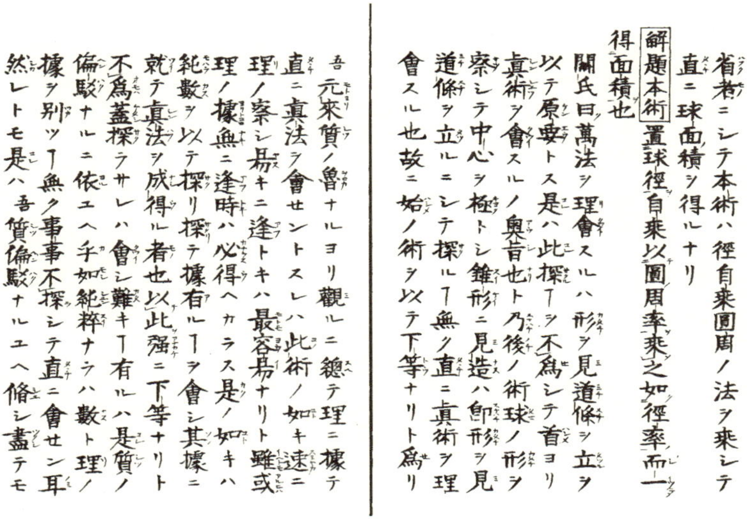

省者ニシテ本術ハ徑自乗圓周ノ法ヲ乗シテ
直ニ球面積ヲ得ルナリ
解題本術 置球徑自乗以圓周率乗之如徑率而一
得面積也
關氏曰萬法ヲ理會スルハ形ヲ見道條ヲ立ヲ
以テ原要トス是ハ此探リヿヲ不爲シテ首ヨリ
眞術ヲ會スルノ奥旨也ト乃後ノ術球ノ形ヲ
察シテ中心ヲ極トシ錐形ニ見造ハ卽形ヲ見
道條ヲ立ルニシテ探ルヿ無ク直ニ眞術ヲ理
會スル也故ニ始ノ術ヲ以テ下等ナリト爲リ

吾元來質ノ魯ナルヨリ觀ルニ總テ理ニ據テ
直ニ眞法ヲ會セントスレハ此術ノ如キ速ニ
理ノ察シ易キニ逢トキハ最容易ナリト雖或
理ノ據無ニ逢時ハ必得ヘカラス是ノ如キハ
純數ヲ以テ探リ探テ據有ルヿヲ會シ其據ニ
就テ眞法ヲ成得ル者也以此強ニ下等ナリト
不爲蓋探ラサレハ會シ難キヿ有ルハ是質ノ
偏駁ナルニ依ユヘ千如純粹ナラハ數ト理ノ
據ヲ別ツヿ無ク事事不探シテ直ニ會セン耳
然レトモ是ハ吾質偏駁ナルユヘ脩シ盡テモ

図 5.5 建部賢弘『綴術算経』(国立公文書館内閣文庫，28 丁裏〜29 丁表)．承前．

3) 直径 10.000001 寸 の球の体積から直径 10 寸 の球の体積を引けば，

$$0\text{ 寸}^3 000157079648387\text{ 強}$$

を得る．厚さ 0.0000005 寸 で割れば，片面積 $s_3 = 314\text{ 寸}^2 159296775$ 弱 を得る．

このように厚さが小さくなるに従って，極限値がゆっくりと現れてくる．

4) 1)，2)，3) の三つの片面積より，損約術により，球面の真の面積を求めると，

$$\frac{s_2^2 - s_1 s_3}{2s_2 - s_1 - s_3} = 314\text{ 寸}^2 159265359\text{ 弱} \tag{5.24}$$

を得る．円周率が現れているので，これを円周率で割れば，100 を得る．これは直径の自乗であるので，解題本術を得る．

現代では，球の半径を r と置くことが多い．直径は $d = 2r$ である．直径 r の球の体積を $V(r)$ と書けば，$V(r) = \frac{4}{3}\pi r^3 = \frac{\pi}{6}d^3$ である．賢弘が行っている

計算は，次のように述べることができる．直径 $d = 10$，すなわち半径 $r = 5$ とする．$a = 0.01$ として，まず，薄皮の体積 $V(r+a/2) - V(r)$ および

$$s_1 = \frac{V(r+a/2) - V(r)}{a/2}$$

を計算する．次に，薄皮の体積 $V(r+a^2/2) - V(r)$ および

$$s_2 = \frac{V(r+a^2/2) - V(r)}{a^2/2}$$

を計算する．最後に，薄皮の体積 $V(r+a^3/2) - V(r)$ および

$$s_3 = \frac{V(r+a^3/2) - V(r)}{a^3/2}$$

を計算する．

そして，損約術の公式で計算してみると，この値は，314 寸^{2}159265369 強となり，(5.24) と下 2 桁が一致しない．さらに一段先まで

$$s_4 = \frac{V(a+a^4/2) - V(r)}{a^4/2}$$

を計算して，

$$\frac{s_3^2 - s_2 s_4}{2s_3 - s_2 - s_4}$$

を求めれば，(5.24) の数値が求まる．

h を微小の長さとする．

$$\begin{aligned}\frac{V(r+h) - V(r)}{h} &= \frac{4\pi}{3h}\left((r+h)^3 - r^3\right) \\ &= \frac{4\pi}{3h}(3r^2 h + 3rh^2 + h^3) \\ &= \frac{4\pi}{3}(3r^2 + 3rh + h^2)\end{aligned}$$

である．$h \to 0$ とすると，これは $4\pi r^2 = \pi d^2$ に近づく．この微分の計算を，賢弘は数値的に行っているのである．

5.2 数値微分 93

5.2.5 関孝和による幾何学的洞察

図 5.4 左側 4 行目からは，別の解法として，球を円錐とみなす関の方法を紹介している．

すなわち，球の中心を錐の頂点とみなし，球の半径を錐の高さ h とみなし，球の表面を錐の底面 S とみなす．$V = \frac{1}{3}Sh$ であるから，球の体積の公式を知れば，それに錐法（錐の体積に現れる分母）3 を掛けて，半径で割れば，球の表面積の公式を得るのである．

どちらの方法によっても，図 5.5 の 3 行目の解題本術が得られる．

5.2.6 数値計算か幾何学的洞察か

図 5.5 の 5 行目から，賢弘は，自分の数値微分の方法と関孝和の幾何学的洞察による方法の得失を論じている．

> 関先生は，万法を理解するためには，形を観察し，道筋をはっきりさせることが大切であると常々仰っていた．こうすれば，数値実験を重ねなくとも，直ぐに正しいアルゴリズムを見出すことができる．球の形を観察し，球の中心を頂点とし球表面を底面とする錐体と看做すことが，形を観察し，道筋をはっきりさせることであり，数値実験を繰り返すことなく，球の表面積を求めるアルゴリズムを見出すことができる．したがって薄皮饅頭の方法のように数値実験を重ねてアルゴリズムを見出す賢弘の方法は下等だとされた．

この関の考え方に対して，賢弘は自分の数学理解の仕方を内省しつつ反論を試みている．

> 私の数学理解は関先生に劣るから，観察して理をもって直ぐに正しい方法を理解しようとすると，この例題のように直ぐに背後の理論を察することができる場合には，簡単に理解できるが，背後の理論の拠りどころが分りにくいときには，正しい方法を理解することが難しい．このようなときには，数値実験を重ねて，背後にある理論に拠りどころがあることを悟り，その拠りどころによって正しい方法を見出すのである．このような研究態度を初めから下等だと決め付けることはできない．

賢弘は，この反論を，質には偏駁なものと純粋なものとがあるといって補強している．ここで，「純粋」というのは，素直でまっすぐなことをいい，「偏駁」とは，偏屈で曲がっていることを意味している．

> たぶん，数値実験をしないと分らないことは，研究対象に偏屈で曲がったことがあるからである．対象が素直でまっすぐならば，数値実験と理論の拠りどころを区別することなく，一つ一つ数値実験せずに，直ぐに理論の拠りどころを理解できる．しかし，私自身，研究者としての質が偏屈で曲がっているのであるから，研鑽を積んでも関先生のような境地に至ることはできない．

賢弘は，数値実験に基づく自分のやり方でも，数学の真理にいたることがあれば良いのではないかと，議論を続ける．

> そもそも，数学の真理は，数値実験においても，理論においても，アルゴリズムにおいても，もともと自然にあるもので，これを理解することは，新しい道を踏み分けるのではない．もともとある自然の道に出会うだけなのだから，数値実験を重ねて理解するのでも差し支えない．

賢弘は，自分と関孝和の数学研究方法の差異について，次のように述べている．

> よくよく考えてみると，関先生の生まれつきの才能は世界一である．しかし，関先生は，円の面積や円周率などの計算は非常に難しく，結果を得ることが難しいとかねがね仰っていた．それは，先生が楽をして結果を得ようとされているからなのだと思う．円の面積や円周率の計算なども，私は努力をすれば必ず結果を得ることができる．これは私が苦労に苦労を重ねるからである．関先生が結果が得られないというのは，楽をしてエレガントに得ようとされるからであり，楽をするために数値計算を重ねずに，直ぐに結果を得ようとするからで，必ずしも結果が得られないということではない．数値実験を尽くさないからなのだ．

賢弘は，自分の数学研究者としての性向を自己分析して，自分の数学研究の方法を弁護する．

> 私の生まれつきの才能は関先生より劣っているので，楽をしながら，エレガントに数学の結果を得ることはできない．いつも苦労をしながら，しかもそれを苦にすることがない．だから，数値実験を重ねて，数学上の発見をすることができる．このことから，自分の生まれつきの性質は関先生より劣っているといっても，関先生を十とすれば，自分は九くらいであろう．

以上のように，賢弘は，自分の数学研究方法によって，関孝和が彼の方法では得ることのできなかった円の面積や円周率などの結果を得ることのできた理由を述べている．このような，数学研究に関する賢弘の自己分析は，今日の数学研究者にとっても，非常に示唆に富むものがあり，『綴術算経』の魅力である．

第 11 章では，当時の思潮の流れの中に賢弘の数学観を位置づけることとする．

5.3 球の体積

5.3.1 垜術

『綴術算経』第 9「砕抹の数を探る」では，球の体積を，区分求積で求めている．その前提となるのは，垜術の公式である．すなわち，

$$\sum_{k=1}^{n} k = \frac{n(n+1)}{2},$$
$$\sum_{k=1}^{n} k^2 = \frac{n(n+1)(2n+1)}{6} \tag{5.25}$$

のような公式のことであり，『括要算法』において，$\sum_{k=1}^{n} k^{10}$ まで与えられている．このような公式は，賢弘にとっては先行研究の結果であり，自由に利用している．また，『綴術算経』第 4「招差の法を探る」では，招差法の例題として垜術の公式 (5.25) を求めている．

数値積分を扱う『綴術算経』第 9 は，四つの部分からなる．

第1の部分は序論で，ここで賢弘は彼の数値計算に関する理解を述べている．第2の部分では円周を求める計算について言及している．第3の部分で，球の体積を求める方法について述べている．最後の部分では，求積方法の優劣を論じ，対象の特質とそれの研究方法の特質とについて論じている．

ここでは，第3の部分にしたがって，円の体積の公式を賢弘がどのように求めたのかを見ていこう．区分求積法が述べられている．

5.3.2　円台の体積の公式

円台とは直円錐を底面に平行な平面で切り取って得られる立体図形で，底面（下面）の半径を r_1 とし，上面の半径を r_2 とし，高さを h とすると，円台の体積が，(5.26) で与えられることは，賢弘の時代には周知であった．

$$V = \frac{\pi h}{3}(r_1^2 + r_1 r_2 + r_2^2). \tag{5.26}$$

もし $r_2 = 0$ ならば，円台は円錐になり，また，もし $r_1 = r_2$ ならば，円台は円柱になるので，上の円台の体積の公式 (5.26) は，円錐や円柱の体積の公式の拡張となっている．

5.3.3　円台の体積の累和による近似

球の半径を n 個の小区間に分割する（図 5.6）．半径に直交する小円で第 n 分点を通るものの半径は，$r_k = r\sqrt{1-(k/n)^2}$ で与えられるので，球に内接する k 番目の円台の体積は

$$V_k = \frac{\pi r}{3n}(r_{k-1}^2 + r_{k-1} r_k + r_k^2).$$

で与えられることになる．これを，截積（せつせき）と呼んでいる．

したがって，半球の体積は，

$$V(n) = \frac{\pi r}{3n} \sum_{k=1}^{n}(r_{k-1}^2 + r_{k-1} r_k + r_k^2)$$

によって近似される．賢弘の時代には，π の近似値は知られていたので，r を数値で与えたとき，数値計算で r に対する体積 $V(n)/\pi$ を計算することができた．

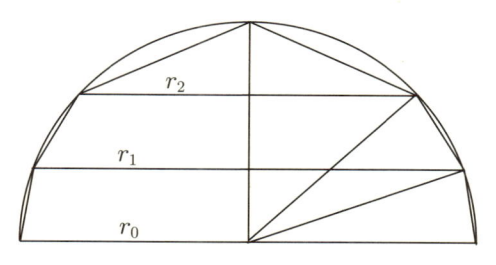

図 5.6 $n = 3$ の場合

コンピュータで $V(n)$ とともに，$r = 1$ として，次の $\bar{V}(n)$ も計算してみよう．

$$\bar{V}(n) = \frac{\pi r}{2n} \sum_{k=1}^{n}(r_{k-1}^2 + r_k^2).$$

結果は次のようになる．

n	$V(n)/\pi$	増約	$\bar{V}(n)/\pi$	増約
2	0.561004		0.625	
4	0.635799		0.65625	
8	0.657951	0.667271	0.664063	0.66667
16	0.664251	0.666754	0.666016	0.66667
32	0.666005	0.666682	0.666504	0.66667
64	0.666487	0.66667	0.666626	0.66667

この数値計算から明らかなように，$V(n)/\pi$ は極限値 $2/3$ に収束する（もし，増約術を用いるのならば，増約の数値のように収束は速くなる）．しかし，$\bar{V}(n)/\pi$ の収束はさらに速くなる（もし，増約術を用いるのならば，第 3 項がすでに真の極限値を与える）．幾何学的な意味を $\bar{V}(n)$ に与えることはできないが，賢弘は後者の近似を「一奇術」と賞賛している．

5.3.4 「一奇術」の説明

現代数学の記号を用いると，一奇術が何をしているのか容易に説明することができる．図 5.7 を見てほしい．

半球を外接する円柱の和で近似すると，

$$U(n) = \frac{\pi r}{n} \sum_{k=1}^{n} r_{k-1}^2$$

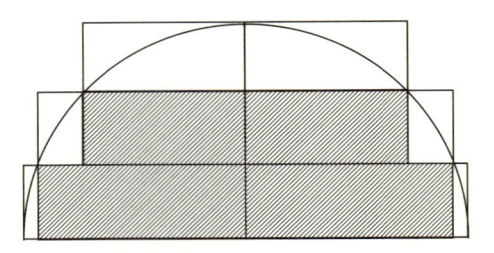

となる．この値は，半球の体積の過剰な近似値を与える．

半球を内接する円柱の和で近似すると，

$$W(n) = \frac{\pi r}{n} \sum_{k=1}^{n} r_k^2.$$

となる．この値は，半球の体積の過小な近似値を与える．

図形の包含関係（図 5.7）により，

$$W(n) < V(n) < U(n).$$

は明らかである．$\bar{V}(n)$ は過剰近似値 $W(n)$ と過小近似値 $U(n)$ の平均値である．垜術の公式 (5.25) によって，$U(n)$ および $W(n)$ を式で計算できる．

$$U(n) = \frac{-1 + 3n + 4n^2}{6n^2}, \quad W(n) = \frac{-1 - 3n + 4n^2}{6n^2},$$

$$\bar{V}(n) = \frac{-1 + 4n^2}{6n^2} = \frac{2}{3} - \frac{1}{6n^2}.$$

したがって，$\bar{V}(n)$ の式も計算できる．

$$\bar{V}(2^k) = \frac{2}{3} - \frac{1}{6}\left(\frac{1}{4}\right)^k.$$

この場合は，増約術が極限値を一発で与えることはすでに述べた通りである．したがって，$\bar{V}(n)$ の初めの 3 項だけで，極限値 2/3 を求めることができるのである．

『綴術算経』のこの部分は，賢弘が数値計算により，この現象を見抜いていたことを示唆する．しかし，賢弘がリーマン積分論でいう上積分，下積分などの概念を持っていたなどとはいえない．現在数学の知識で江戸時代初期の数学文献を理解するときには，読み込み過ぎないように注意すべきである．

第6章　42桁の円周率

　円周の長さが直径の3倍であることは，旧約聖書にも書かれている．円周率 $\pi = 3$ ということである．勿論正しい数値ではないが，近似値としては正しく有用である．現代でも職人の間では，円周率 $\pi = \sqrt{10} = 3.1622$ を使っているということを聞いたことがある．これも正しい数値ではないが，手仕事をするには十分に役立つ近似値である．また，$\sqrt{10}$ は逆数をとっても "同じ数"，すなわち，$1/\sqrt{10} = \sqrt{10}/10 = 0.31622$ であるので，取り扱いやすい数値なのである．

　使いやすい近似値があるとしても，円周率の真の値はいくつなのかという問題は，昔から今日まで多くの人の興味を引いてきた．今日でも，円周率についての単行本がいくつも出版されている．

　江戸時代の数学者にとっても，円周率がいくつなのかということは基本的な問題であった．円周率の問題（彼らにとっては円周長の問題）を初めて本格的に取りあつかった江戸時代の数学書は，『算俎』であった．

　『算俎』は村松茂清（慶長13 (1608) 年–元禄8 (1695) 年）により寛文3 (1663) 年に著わされた（図6.1）．『算俎』の第4巻にある「円率」では，円に内接する正 2^{15} 角形の周長を計算しており，円周率を 3.1415926 まで正しく計算した最初である．余談であるが，著者の村松茂清は，赤穂の浅野家に仕えていたが，江戸に数学塾を持っていた．村松には娘しかなく，婿養子秀直を迎えたが，秀直と秀直の子高直は赤穂四十七士の討ち入りに参加したことが知られている．

　関孝和は，『括要算法』巻貞（第4巻のこと）の「求円周率術」において，増約術という加速法により円周率を 12 桁求めた．賢弘は『綴術算経』で，関孝和の先行研究を踏まえて，円周率を 42 桁求めたのである．

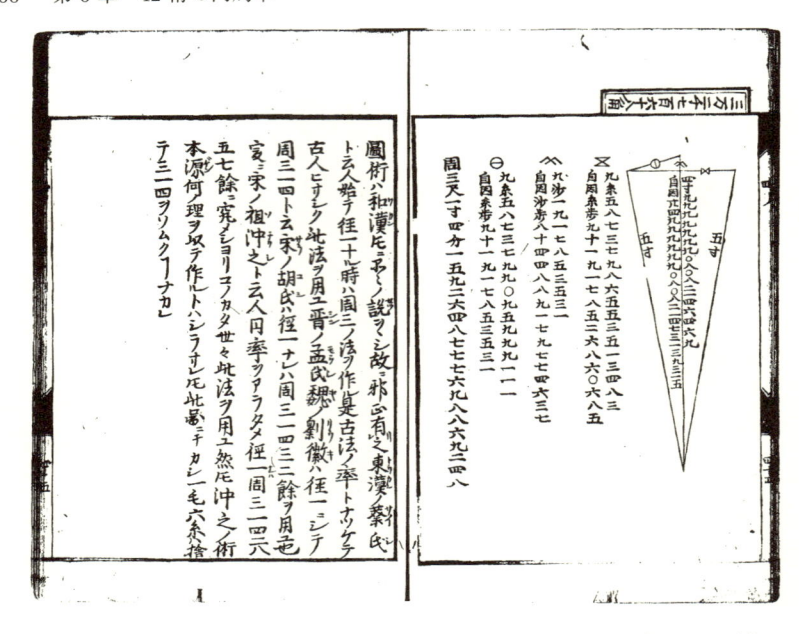

図 6.1 村松茂清『算俎』(東北大学岡本刊 1030, 巻 3, 44 丁裏〜45 丁表).

6.1 円周率の計算

今日われわれが円周率 π というとき,それは比率

$$\pi = 円周の長さ/直径の長さ$$

を意味し,次元を有さない定数である.しかし,江戸時代の数学では,たとえば,直径 7 尺のとき円周 22 尺とか,直径 113 尺のとき円周 355 尺と考え,疎率では,周率 22,径率 7,あるいは,密率では,周率 355,径率 113,といった.江戸時代の数学で「率」というのは,割合の意味はなく,数値という意味に過ぎない.

$$円周率 = 周率 \div 径率$$

という関係にある.

直径が 1 の円に内接する正方形の周の長さから出発して,辺の数を倍々に増やしていく.正 2^n 角形の周の長さは,整数から,加減乗除と開平算を組み

合わせて求めることができる．$n \to \infty$ とすれば，極限値として円周率が求まるが，この収束は遅くて数値計算に適さない．

6.1.1 直径 1 の円に内接する正多角形

円周率は直径 1 の円周の長さである．円周率の近似値を求めるには，直径 1 の円に内接する正多角形の周の長さを求めれば良い．たとえば，内接正方形の周の長さは，$2\sqrt{2} = 2.8284\ldots$ であるし，内接正 6 角形の周の長さは 3 であることは，図を描いてみればすぐに判る．

一般に，L_n を「直径 1 の円に内接する正 n 角形の周の長さ」としよう．L_n が求まれば，L_{2n} は L_n より加減乗除と開閉算で求めることができる．

$S_n = L_n/n$ で一辺の長さを表す．勾股弦の関係（ピタゴラスの定理）より，

$$S_{2n}{}^2 = \left(\frac{S_n}{2}\right)^2 + \left(\frac{1}{2} - \sqrt{\left(\frac{1}{2}\right)^2 - \left(\frac{S_n}{2}\right)^2}\right)^2 = \frac{1 - \sqrt{1 - S_n{}^2}}{2}$$

すなわち，

$$S_{2n} = \sqrt{\frac{1 - \sqrt{1 - S_n{}^2}}{2}}$$

であるので，S_n より加減乗除と開平算だけで S_{2n} は求めることができる．たとえば，

$$S_4 = \frac{1}{\sqrt{2}}, \ S_8, \ S_{16}, \ S_{32}, \ S_{64}, \ldots$$

と求めていくことができる．

番号を付けかえて，$L(n) = L_{2^n}$ と置こう．まず $L(1) = 2$ は，直径 1 の円に内接する 2 角形（2 重の直径）の周の長さである．一般に

$$S(n) = 2^{-n}L(n), \quad \text{すなわち，} \quad L(n) = 2^n S(n)$$

である．

$$S(n+1) = \sqrt{\frac{1 - \sqrt{1 - S(n)^2}}{2}}$$

であるので，

$$L(n+1) = \sqrt{2^{2n+1}(2^n - \sqrt{4^n - L(n)^2})}$$

となり，加減乗除と開平算で $L(n)$ の値は次々に求められる．コンピュータで計算させると，次の数値が得られる．

n	直径 1 の円の内接 2^n 角形の周の長さ
1	2.000000000000000000000000000000000000000000
2	2.828427124746190097603377448419396157139343750390
3	3.061467458920718173827679872243190934090756499885020
4	3.121445152258052285572557895632355854843065884031280
5	3.136548490545939263814258044436539067556373541360020
6	3.140331156954752912317118524331690132143703233648190
7	3.141277250932772868062019770788214408379663262649790
8	3.141513801144301076328515059456822307935313815492930
9	3.141572940367091384135800110270761429533637794504360
10	3.141587725277159700628854262701918739399280858574840
11	3.141591421511199973997917637408339557475626500861800
12	3.141592345570117742340375994157369930305206075651200
13	3.141592576584872665681606092237875309732053278431140
14	3.141592634338562989909547826362779129395403217074846
15	3.141592648776985669485107969277177075697766001906320
16	3.141592652386591345803525521057963884338655244174420
17	3.141592653288992765271943042173740003460576037525660

直径 1 の円に内接する正 2^{17} 角形の周の長さ $L(17)$ で円周率 π を近似すると，小数点以下 9 位まで正確である．ここで述べた方法は，古代より知られていたが，$L(n)$ の円周率への収束は緩慢で高精度の円周率の数値計算には適さない．

6.1.2 関孝和の円周率計算

『括要算法』(図 6.2) には，次のような関の円周率計算がまとめられている．

関孝和は，円周率を 12 桁求めたが，その方法の概略は次の通りである．L_n を「直径 1 の円に内接する正 n 角形の周の長さ」とする．関は，次の三つの長さをまず求めた．

$$n = 2^{15} = 32,768 \qquad L_n = 3.1415926487769856708$$
$$2n = 2^{16} = 65,536 \qquad L_{2n} = 3.1415926523865913571$$
$$4n = 2^{17} = 131,072 \qquad L_{4n} = 3.1415926532889927759$$

次いで，前章で述べた増約術により，

$$L'_n = L_{2n} + \frac{(L_{2n} - L_n)(L_{4n} - L_{2n})}{(L_{2n} - L_n) - (L_{4n} - L_{2n})} \tag{6.1}$$

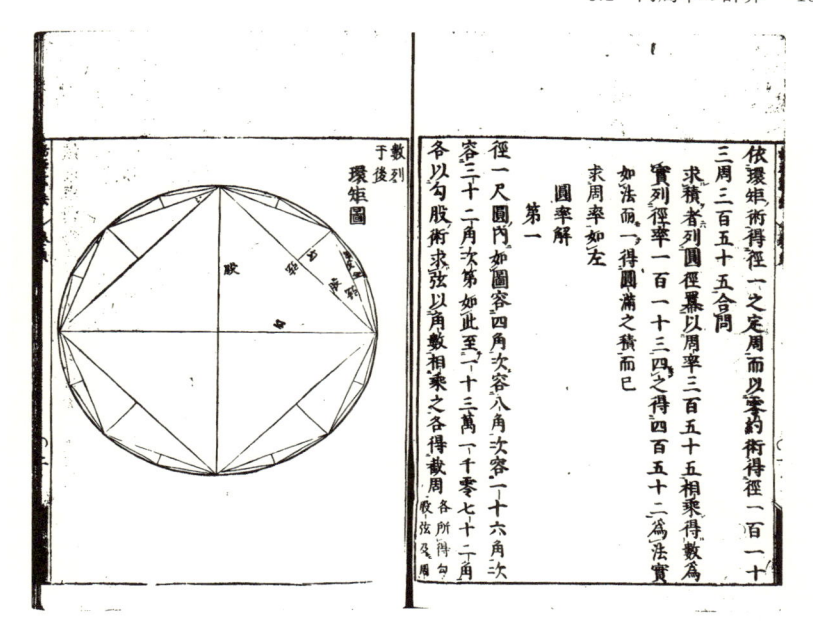

図 6.2 関孝和『括要算法』(東北大学岡本 089, 巻 4, 1 丁裏〜2 丁表).「円率解」の冒頭部分. 正 4 角形から正 $2^7 = 131072$ 角形までを内接させることが述べられている.

を計算して,円周率 π の近似値として

$$L'_n = 3.141592653589\ldots$$

を求めた. 関は,この補正式 (6.1) の根拠を述べなかったが,この 12 桁の数が正確であることを確信していた.

実際にコンピュータで

$$L(16) + \frac{(L(16) - L(15))(L(17) - L(16))}{(L(16) - L(15)) - (L(17) - L(16))}$$

を計算した値 (seki) とコンピュータが内蔵している円周率の値 (pi) を比較してみると,19 桁が一致している.

```
seki = 3.1415926535897932386008880529429753083469329943030 2
  pi = 3.1415926535897932384626433832795028841971693993751 1
```

このようにして,関は,収束の遅い数列を補正することによって,近似値

の有効桁を 9 桁から 19 桁まで増やすことができた．今日のわれわれとは異なって，関は円周率の精確な値を知らなかったから，補正値がどの程度正しいのか精確には分らなかった．少ない角数の場合の同様の数値計算から類推して，12 桁の円周率が求められたといったのである．

6.1.3 松永良弼の説明

関が補正式 (6.1) をどのようにして得たのかは必ずしも明らかではない．松永良弼は『起源解』あるいは『算法集成』において，関の計算は本質的には増約術であったと述べている．すなわち，$n \to \infty$ としたときの L_n の極限値が円周率 π であるので，L_n の極限値を次のような無限級数で表示する．

$$L_n + (L_{2n} - L_n) + (L_{4n} - L_{2n}) + (L_{8n} - L_{4n}) + \cdots \qquad (6.2)$$

そして，数列

$$L_{4n} - L_{2n},\ L_{8n} - L_{4n},\ \ldots$$

を初項が $L_{4n} - L_{2n}$ で公比が $\dfrac{L_{4n} - L_{2n}}{L_{2n} - L_n}$ の等比級数とみなす．すると，(6.2) は幾何級数の和の公式（増約術）により

$$L_n + (L_{2n} - L_n) + \frac{L_{4n} - L_{2n}}{1 - \dfrac{L_{4n} - L_{2n}}{L_{2n} - L_n}}$$

で近似できる．これが関の補正式 (6.1) だというのである．

無限数列 $L_n, L_{2n}, L_{4n}, \ldots$ の極限を無限級数 (6.2) で置き換えるというテクニックは現代の数値計算法でも重要であるが，江戸時代の数学ですでに知られていたのである．

6.1.4 松永良弼の主張の検証

松永良弼が述べたように数列

$$L_{2n} - L_n,\ L_{4n} - L_{2n},\ L_{8n} - L_{4n}, \ldots$$

が本当に等比数列で近似できるのであろうか．それには第 1 階差数列 $D(n) = L(n) - L(n-1)$ を計算してみれば良い．

6.1 円周率の計算

n	D(n) = L(n) - L(n-1)　第 1 階差数列
2	0.82842712474619009760337744841939615713934375075390
3	0.23304033417452807622430242382379477695141274913112
4	0.05997769333733411174487802338916492075230938414626
5	0.01510333828788697824170014880418321271330765732874
6	0.00378266640881364850286047989515106458732969228817
7	0.00094609397801995574490124645652427623596002900160
8	0.00023655021152820826649528866860789955565055284314
9	0.00005913922279030780728505081393912159832397901143
10	0.00001478491006831649305415243115730986564306407048
11	0.00000369623404027336911750103891521634828179151134
12	0.00000092405891776834240423041653597455764342556502
13	0.00000023101475492334123009808050537942684720277993
14	0.00000005775369032341387217138991598422197889231732
15	0.00000001443842268038962970564938578174373383115786
16	0.00000000360960567631841755178078680864088924226810
17	0.00000000090240141946841752111577611912192079335123

$D(n)$ は $D(n-1)$ のほぼ 1/4 となっていることが見当付く．詳しく見るために，隣りあう項の比 $D(n)/D(n-1)$ を数値計算してみると，次のように確かに 1/4 に収束している．

n	D(n) / D(n-1)　第 1 階差数列の比
3	0.28130456767205197571104403377455068719994628077762
4	0.25737043997034326246653810247874320864892922720790
5	0.25181592434608775431221123977638951935392131207572
6	0.25045233952333459556578519024861773856152216460312
7	0.25011298268743652083412706902614383171038153879173
8	0.25002823929106413436434365145369072761428431799791
9	0.25000705942406456705752440312515698495507454234190
10	0.25000176483109883442656346358555080047893924388948
11	0.25000044120621740087030929579313563487496842147426
12	0.25000011030145701885617741328499729329529613348230
13	0.25000002757535817151057195671484631057560796124508
14	0.25000000689383916267747927941615463597664612851743
15	0.25000000172345976690686101682401989619730634966303
16	0.25000000043086494024155847634209841268869696575919
17	0.25000000010771623496756732081786590051965951277171

次に，関の近似値を計算してみる．

$$L(n-1) + \frac{(L(n-1) - L(n-2))(L(n) - L(n-1))}{(L(n-1) - L(n-2)) - (L(n) - L(n-1))}$$

3	3.15268177239252355191448791822251133840986649163806
4	3.14223140445358777386089548672858336341521806899988
5	3.14163181324076121776355499294919941311225801755569
6	3.14159508945921998753880980245090401696470114626606
7	3.14159280565139331626585662179253771674584853072244
8	3.14159266309083146119516655685439746830747515234355
9	3.14159265418356421065612380670456150701145840257222
10	3.14159265362690323809368932892129867007064884398188
11	3.14159265359211260271905103678925692620412437979833
12	3.14159265358993819856116157258284975943184893406433
13	3.14159265358980229846618347276138564901704623726766
14	3.14159265358979380471282374361682124921539025200533
15	3.14159265358979327385327901681228290148806787445844
16	3.14159265358979324067455810039110965148513246367799
17	3.14159265358979323860088805294297530834693299430300

この数表を見ると，$n=16$ と $n=17$ に対する二つの値は17桁まであっている．また，各段ではぼ一桁ずつ精度が上がっているのだから，$n=17$ に対する値の少なくとも18桁は，円周率 π の初めの18桁と一致していると容易に想像できる．これは江戸時代の数学者にとっても可能な推論であるが，計算の精度が十分でなかったせいか，関は12桁は正しいと述べているのである．

ここまでの数値実験で，関と松永良弼による円周率計算の追跡ができた．

6.2 累遍増約術

賢弘は，たった $N=10$ 個の $L(n)$, $n=1,2,3,\ldots,N$ を用いて円周率を42桁求めたというが，一体どのような方法で，この数値から円周率を計算したのであろうか．

6.2.1 『大成算経』の円周率計算

『大成算経』巻12は，第1節「円率」，第2節「弧率」，第3節「立円率」という構成になっている．第2節の「弧率」は第8章で触れることになる．

また立円とは球のことであり，第3節は球の体積の公式について述べている．本章と関係があるのは，第1節「円率」で，そこで初めて累遍増約術により，円周率を求める方法が記されている．

「円率」では，$L(n)$ ではなく，その自乗を截周冪(せつしゅうべき)と呼んで，その数値を求める．截周 $L(n)$ ではなく，截周冪 $L(n)^2$ を計算すると，角を倍にするとき開平算を2回でなく1回で済ますことができる．すなわち，

$$L(n+1)^2 = 2^{n+1}(4^n - \sqrt{4^n - L(n)^2})$$

となる．$L(n+1)$ を求めるにはもう一回開平しなくてはならない．ソロバンしか持たない江戸時代初期の数学者にとっては，開平算は労力を要する計算であった．したがって，截周のかわりに截周冪で済ませることは大きな省力化であった．截周冪の極限として円周率の自乗の良い近似値を求め，最後に一回だけ開平して円周率の近似値を求めるのである．

記号を簡単にするため，

$$x_n = L(n)^2, \quad n = 1, 2, 3, \ldots, N$$

と置こう．「円率」では，$N = 9$ で計算している．次に

$$x_n^{(1)} = x_n + (x_n - x_{n-1}) \times \frac{1}{4-1}, \quad n = 2, 3, \ldots, N$$

を一遍約周冪と呼ぶ．次に，$k = 2, 3, \ldots, 9$ に対して

$$x_n^{(k)} = x_n^{(k-1)} + (x_n^{(k-1)} - x_{n-1}^{(k-1)}) \times \frac{1}{4^k - 1}, \quad n = k+1, k+2, \ldots, N$$

を k 遍約周冪と呼ぶ．x_1, x_2, x_N から得られる最後の $x_N^{(N-1)}$ が円周率の自乗の良質の近似値となるというのである．「円率」では，最終的に，9個のデータから25桁の円周率を求めている．

6.2.2 『綴術算経』の円周率計算

図6.3の1行目から始まる『綴術算経』第11「円の数を探る」では，上の「円率」で実行されている計算が要約され，円周率計算に関する賢弘のコメントが記載されている．ここでの計算は $N = 10$ として行っているので，42桁の円周率が求まるのである．

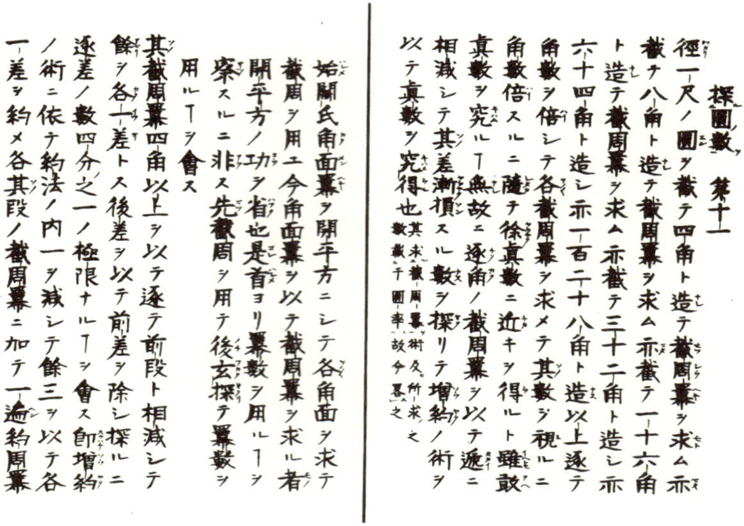
探圓數 第十一
徑一尺ノ圓ヲ截テ四角ト造テ截周冪ヲ求ム亦
截テ八角ト造テ截周冪ヲ求ム亦截テ一十六角
ト造テ截周冪ヲ求ム亦截テ三十二角ト造シ亦
六十四角ト造シ亦一百二十八角ト造以上逐テ
角數ヲ倍シテ各截周冪ヲ求メテ其數ヲ視ルニ
角數倍スルニ隨テ徐真數ニ近キヲ得ルト雖𪜈
真數ヲ究ル事無故ニ逐角ノ截周冪ヲ以テ遞ニ
相減シテ其差漸損スル數ヲ探リテ增約ノ術ヲ
以テ真數ヲ究得也 其求截周冪術久所求之數截于圓率故今畧之
始關氏角面冪ヲ開平方ニシテ各角面ヲ求テ
截周ヲ用ユ今角面冪ヲ以テ截周冪ヲ求ル者
開平方ノ功ヲ省也是首ヨリ冪數ヲ用ルコヲ
察スルニ非ス先截周ヲ用テ後玄探テ冪數ヲ
用ルコヲ會ス
其截周冪四角以上ヲ以テ逐テ前段ト相減シテ
餘ヲ各一差トス後差ヲ以テ前差ヲ除シ探ルニ
逐差ノ數四分之一ノ極限ナルコヲ會ス即增約
ノ術ニ依テ約法ノ内一ヲ減シテ餘三ヲ以テ各
一差ヲ約メ各其段ノ截周冪ニ加テ一遍約周冪

図 6.3　建部賢弘『綴術算経』(国立公文書館内閣文庫，35 丁裏〜36 丁表)．賢弘のもっとも有名な業績の一つである円周率の計算が述べられる第 11 章「円の数を探る」の冒頭部分．

図 6.3 の 2 行目にある径とは直径のことで，1 尺は 10 寸である．四角とは内接正方形，その周の長さの自乗，すなわち截周冪は $L(2)^2 = (2\sqrt{2})^2 = 8$ である．次に内接正 8 角形の周の長さの自乗，すなわち截周冪 $L(3)^2$ を求める．次に内接正 16 角形の周の長さの自乗，すなわち截周冪 $L(4)^2$ を求める．同様に，$L(5)^2, L(6)^2, L(7)^2$ を求める．$L(n)^2$ で n を大きくすると，円周の真の長さの自乗に近づくが，一致することはない（賢弘は収束が遅いことを認識している）．

図 6.3 の 9 行目で，増約術を用いるとある．簡単のために，$x_k = L(k)^2$, $y_k = y_k - y_{k-1}$ と置こう．極限は

$$x_k + (x_{k+1} - x_k) + (x_{k+2} - x_{k+1}) + \cdots = x_k + y_{k+1} + y_{k+2} + \cdots$$

であると考え，

$$\begin{aligned} & x_k + y_{k+1} + y_{k+2} + y_{k+3} + \cdots \\ &= x_k + y_{k+1} + y_{k+2}\left(1 + \frac{y_{k+3}}{y_{k+2}}\left(1 + \frac{y_{k+4}}{y_{k+3}}(1 + \cdots)\right)\right) \end{aligned}$$

$$= x_{k+1} + y_{k+1} \left(\frac{y_{k+2}}{y_{k+1}} \left(1 + \frac{y_{k+3}}{y_{k+2}} \left(1 + \frac{y_{k+4}}{y_{k+3}} (1 + \cdots) \right) \right) \right)$$

$$\sim x_{k+1} + y_{k+1} \frac{\frac{y_{k+2}}{y_{k+1}}}{1 - \frac{y_{k+2}}{y_{k+1}}}$$

$$= x_{k+1} + \frac{(x_{k+1} - x_k)(x_{k+2} - x_{k+1})}{(x_{k+1} - x_k) - (x_{k+2} - x_{k+1})}$$

と近似する．これが増約術である．この近似式は，幾何級数の場合，すなわち

$$\frac{y_{k+2}}{y_{k+1}} = \frac{y_{k+3}}{y_{k+2}} = \cdots = r \tag{6.3}$$

となっていれば，真の極限値を与える．

図 6.3 左側 1 行目から，関の計算では截周 $L(k)$ を用いていたが，賢弘は関の計算を吟味して，截周冪 $L(k)^2$ を用いて円周率の自乗をまず求めてから，最後に一度だけ平方に開けば，高価な開平の計算が少なくなると述べている．しかし，実際に，新しい方法ですべての計算をやり直してみたかどうかについては，研究者の間に疑問の声がある．

図 6.3 左側 6 行目からの部分では，累遍増約術を述べている．添え字を使った表記がないものだから，判読しにくい．ここでは現代表記をする．

截周冪 $x_n = L(n)^2$ が $n = 1, 2, \ldots, N$ について求まったとする．$y_n = x_n - x_{n-1}, n = 2, 3, \ldots, N$ を 1 差と呼ぶ．

$$\frac{\text{前差}}{\text{後差}} = \frac{y_{n-1}}{y_n} = \frac{x_{n-1} - x_{n-2}}{x_n - x_{n-1}} \sim 4$$

なので，後差 $\approx$ 前差 $\times \frac{1}{4}$ で $\frac{1}{4}$ を逐差，4 をその約法（分母のこと）という．

$$\lim_{n \to \infty} x_n = x_{n-1} + y_n + y_{n+1} + y_{n+2} + \cdots$$
$$= x_{n-1} + y_n + y_n \frac{y_{n+1}}{y_n} + y_n \frac{y_{n+1}}{y_n} \frac{y_{n+2}}{y_{n+1}} + \cdots$$

とし，比をすべて $r = 1/4$ で置き換える．

$$\lim x_n \approx x_n + y_n(r + r^2 + r^3 + \cdots)$$
$$= x_n + (x_n - x_{n-1}) \frac{r}{1-r} = \frac{x_n - r x_{n-1}}{1-r}$$

この計算を考慮に入れ，

$$x_n^{(1)} = x_n + \frac{x_n - x_{n-1}}{4-1} = \frac{4x_n - x_{n-1}}{4-1}, \quad n = 2, 3, 4, \ldots, N$$

を 1 遍約周冪という．$x_n^{(1)}$ は x_n より，$\lim x_n$ の良い近似値となる．また，$\lim x_n^{(1)} = \lim x_n$ にも注意しよう．

$y_n^{(1)} = x_n^{(1)} - x_{n-1}^{(1)}$, $n = 3, 4, \ldots, N$ を 2 差と呼ぶ．

$$\frac{前差}{後差} = \frac{y_{n-1}^{(1)}}{y_n^{(1)}} = \frac{x_{n-1}^{(1)} - x_{n-2}^{(1)}}{x_n^{(1)} - x_{n-1}^{(1)}} \sim 16 = 4^2$$

なので，後差 $\approx$ 前差 $\times \frac{1}{4}$ で $\frac{1}{4^2}$ を逐差，4^2 をその約法（分母のこと）という．前と同様に，

$$x_n^{(2)} = x_n^{(1)} + \frac{x_n^{(1)} - x_{n-1}^{(1)}}{4^2 - 1} = \frac{4^2 x_n^{(1)} - x_{n-1}^{(1)}}{4^2 - 1}, \quad n = 3, 4, \ldots, N$$

を 2 遍約周冪という．$x_n^{(2)}$ は $x_n^{(1)}$ より，$\lim x_n = \lim x_n^{(1)} = \lim x_n^{(2)}$ の良い近似値となる．

$y_n^{(2)} = x_n^{(2)} - x_{n-1}^{(2)}, \quad n = 4, 5, \ldots, N$ を 3 差と呼ぶ．

$$\frac{前差}{後差} = \frac{x_{n-1}^{(2)} - x_{n-2}^{(2)}}{x_n^{(2)} - x_{n-1}^{(2)}} \sim 64 = 4^3$$

なので，後差 $\approx$ 前差 $\times \frac{1}{4^3}$ で $\frac{1}{4^3}$ を逐差，4^3 をその約法（分母のこと）という．前と同様に，

$$x_n^{(3)} = x_n^{(2)} + \frac{x_n^{(2)} - x_{n-1}^{(2)}}{43 - 1} = \frac{4^3 x_n^{(2)} - x_{n-1}^{(2)}}{43 - 1}, \quad n = 4, 5, \ldots, N$$

を 3 遍約周冪という．$x_n^{(3)}$ は $x_n^{(2)}$ より良い，$\lim x_n$ の近似値となる．

変数を添え字にすることができないので，4 遍約周冪，5 遍約周冪を求めるとしか書いてないが，現代表記をすれば次のようになろう．

$$x_n^{(k)} = x_n^{(k-1)} + \frac{x_n^{(k-1)} - x_{n-1}^{(k-1)}}{4^k - 1}, \quad n = k+1, k+2, \ldots, N$$

を k 遍約周冪という．$x_n^{(k)}$ は $x_n^{(k-1)}$ より良い，$\lim x_n$ の近似値となる．

賢弘は，10 個の $x_n = L(n)^2, n = 1, 2, 3, \ldots, 10$ の値より，増約術を累ね用いて（累遍して）$x_{10}^{(9)}$ を計算して円周率の近似値を求め，実に円周率を 42 桁求めることができた．賢弘は自分の工夫したこの累遍増約術は，関の用いた一遍の増約術を深く観察することによって会得したのであって，初めから分かったのではないと述べている．このように，帰納的に数学の知見が増えていくことを，賢弘は「綴術」と呼んでいる．

6.2.3 累遍増約術とは

賢弘が提唱した累遍増約術とはどのような計算方法だろうか．現代数学の言葉で説明しよう．

x_n が次の形と仮定する．

$$x_n = A_0 + A_1 \left(\frac{1}{4}\right)^n + A_2 \left(\frac{1}{4}\right)^{2n} + A_3 \left(\frac{1}{4}\right)^{3n} + \cdots + A_9 \left(\frac{1}{4}\right)^{9n} + 誤差項 \quad (6.4)$$

左辺の $x_n, n = 1, 2, 3, \ldots, 10$ が正確に加減乗除と開平算で計算できたとき，極限値 $\lim L(n) = A_0$ を求めるというのが問題である．

賢弘は，加減乗除と開平算で $x_1 = L(1)^2 = 4$, $x_2 = L(2)^2 = 8$, $x_3 = L(3)^2$, $x_4 = L(4)^2, \ldots, x_{10} = L(10)^2$ の数値を求めた．これにより，（誤差項をゼロとみなせば，）$A_0, A_1, \ldots, A_9$ を未知数とする 10 元の連立 1 次方程式が求められたことになる．これを解いて，A_0 を求めれば良い．しかし，この 1 次方程式を全部解かなくても，次のような手順で A_0 を求めることができる．

$N = 10$ とする．$x_n^{(k)}, 0 \leq k < n \leq N$ を次のように定める．

まず，$x_n^{(1)} = x_n$ とする．次に，

$$x_n^{(1)} = x_n^{(0)} + \frac{x_n^{(0)} - x_{n-1}^{(0)}}{4 - 1} = \frac{4x_n^{(0)} - x_{n-1}^{(0)}}{4 - 1}, \quad n = 2, 3, \ldots, N$$

と置けば，定数項 A_0 は変わらず，$\left(\frac{1}{4}\right)^n$ の項は消え，

$$x_n^{(1)} = A_0 + B_2 \left(\frac{1}{4}\right)^{2n} + B_3 \left(\frac{1}{4}\right)^{3n} + \cdots + B_9 \left(\frac{1}{4}\right)^{9n} + 誤差項 \quad (6.5)$$

となる定数 $B_2, B_3, \ldots, B_9$ が計算できる．次に，

$$x_n^{(2)} = x_n^{(1)} + \frac{(x_n^{(1)} - x_{n-1}^{(1)})}{4^2 - 1} = \frac{4^2 x_n^{(0)} - x_{n-1}^{(0)}}{4^2 - 1}, \quad n = 3, 4, \ldots, N$$

と置けば，定数項 A_0 は変わらず，$\left(\frac{1}{4}\right)^{2n}$ の項は消え，

$$x_2^{(0)} = A_0 + C_3 \left(\frac{1}{4}\right)^{3n} + \cdots + C_9 \left(\frac{1}{4}\right)^{9n} + 誤差項 \tag{6.6}$$

となる定数 $C_3, C_4, \ldots, C_9$ が定まる．一般に $x_n^{(k-1)}, n = k+1, k+2, \ldots, N$ が定まったとき，

$$x_n^{(k)} = \frac{4^k x_n^{(k-1)} - x_{n-1}^{(k-1)}}{4^k - 1}, \quad n = k+1, k+2, \ldots, N$$

と定める．

$x_N^{(N-1)}$ が（誤差項を無視して），$A_0 = \lim x_n$ になるのである．

数列のエイトケン加速法や数値積分のロンバーグ法と呼ばれる数値計算法を，賢弘はすでに知っていたのである．

6.2.4 あと知恵

現在われわれは微分積分学によって，$\sin x$ と $\cos x$ のテイラー展開

$$\sin x = \sum_{k=0}^{\infty} \frac{(-1)^k}{(2k+1)!} x^{2k+1}, \quad \cos x = \sum_{k=0}^{\infty} \frac{(-1)^k}{(2k)!} x^{2k}$$

を知っているから，$x_n = L(n)^2$ が

$$\begin{aligned}
x_n &= 4^n \sin 2 \frac{\pi}{2^n} \\
&= 4^n \times \frac{1}{2}\left(1 - \cos \frac{2\pi}{2^n}\right) \\
&= \pi^2 - \frac{4^2 \pi^4}{2 \cdot 4!}\left(\frac{1}{4}\right)^n + \frac{4^3 \pi^6}{2 \cdot 6!}\left(\frac{1}{4}\right)^{2n} - \cdots \\
&= \sum_{k=1}^{\infty} \frac{(-1)^{k-1} 4^k \pi^{2k}}{2 \cdot (2k)!}\left(\frac{1}{4}\right)^{(k-1)n}
\end{aligned}$$

と展開できることを知っているので，たしかに (6.4) は誤差つきで成り立っている．(6.4) における係数 $A_0 = \pi^2, A_1, A_2, \ldots$ もすべて知っている．したがって，われわれは (6.4) の右辺を計算することによって，左辺の数値を求めるのであるが，賢弘にとっては，左辺の数値を求めてから，累遍増約術で，係数 A_0 を求め，そしてそれを開平して，円周率 π を求めたのである．

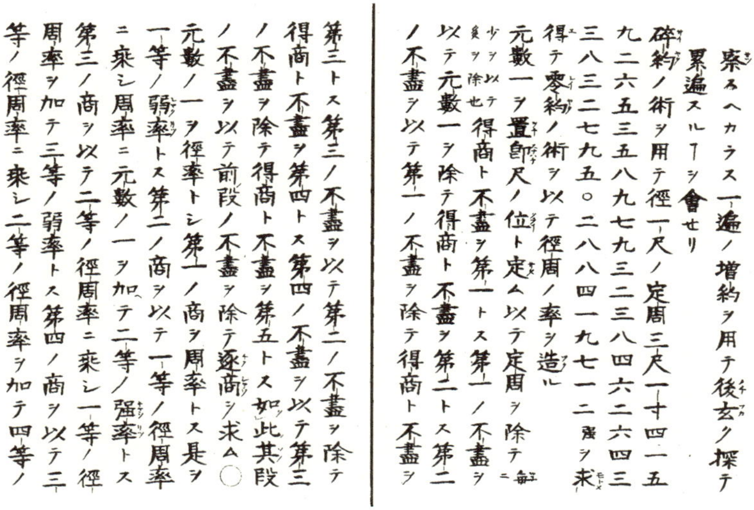
察スヘカラス一遍ノ増約ヲ用テ後玄ク探テ
累遍スルヿヲ會セリ
碎約ノ術ヲ用テ徑一尺ノ定周三尺一寸四一五
九二六五三五八九七九三二三八四六二六四三
三八三二七九五〇二八八四一九七一二強ヲ求
得テ零約ノ術ヲ以テ徑周ノ率ヲ造ル
元數一ヲ置郎尺ノ位ト定ム以テ定周ヲ除テ
少ヲ以テ負ヲ除也得商ト不盡ヲ第一トス第一ノ不盡ヲ
以テ元數一ヲ除テ得商ト不盡ヲ第二トス第二
ノ不盡ヲ以テ第一ノ不盡ヲ除テ得商ト不盡ヲ
第三トス第三ノ不盡ヲ以テ第二ノ不盡ヲ除テ
得商ト不盡ヲ第四トス第四ノ不盡ヲ以テ第三
ノ不盡ヲ除テ得商ト不盡ヲ第五トス如此其段
ノ不盡ヲ以テ前段ノ不盡ヲ除テ逐商ヲ求ム○
元數ノ一ヲ徑率トシ第一ノ商ヲ周率トス是ヲ
一等ノ弱率トス第二ノ商ヲ以テ一等ノ徑周率
ニ乘シ周率ニ元數ノ一ヲ加テ二等ノ強率トス
第三ノ商ヲ以テ二等ノ徑周率ニ乘シ一等ノ徑
周率ヲ加テ三等ノ弱率トス第四ノ商ヲ以テ三
等ノ徑周率ニ乘シ二等ノ徑周率ヲ加テ四等ノ

図 6.4 建部賢弘『綴術算経』(国立公文書館内閣文庫，37 丁裏～38 丁表)．右側 3 行目から 5 行目にかけて漢数字で 42 桁の円周率が記されている．6 行目以降にはこの円周率の近似分数を求める方法が述べられている (6.3 節参照)．

しかしながら，微分積分学を知らなかった江戸初期の数学者が数値を丁寧に観察することによって数列の規則性をとらえ，それによって巧妙に円周率の数値計算を実行したことは，特筆に値しよう．円周率の計算など円の性質の研究を江戸時代には「円理」といったが，実質的に現在の微分積分の範囲に属する議論をしていたのである．

6.2.5 42 桁の円周率

図 6.4 の 3～5 行目を見てほしい．賢弘は 42 桁の円周率を誇らしげに，縦書きの漢数字で記載している．

ここでいう，「碎約の術」とは，碎抹術と増約術の二つを意味する．碎抹術とは，円周を等分に分割して，内接正多角形の周 (截周) で円周を近似することを意味し，増約術は，賢弘の累遍増約術を意味している．

6.3 零約の術

　賢弘をはじめとする江戸時代の数学者にとって，円周率を径率と周率の比の形で表さなければ，作業は終わらなかった．

　無限小数が与えられたとき，それを近似する分数を求める方法を零約術という．関の工夫した零約術は『括要算法』に記載されている．この方法は煩雑だったので，賢弘の兄の建部賢明の工夫で，零約術は改良された．賢明の零約術は，今日の数学でいう連分数展開と全く同じである．この二つの零約術を，以下に説明しよう．

6.3.1　賢明の零約術

　まず，現代数学の記号で説明しよう．

　ω を正の実数とする．$[\omega]$ で ω を超えない最大の自然数を表す．$k_1 = [\omega]$ と置く．以下，自然数 $k_2, k_3, k_4, \ldots$ を取り，

$$\begin{aligned}
\omega &= k_1 + \frac{1}{\omega_1}, \quad \omega_1 > 1, \\
\omega_1 &= k_2 + \frac{1}{\omega_2}, \quad \omega_2 > 1, \\
\omega_2 &= k_3 + \frac{1}{\omega_3}, \quad \omega_3 > 1, \\
\omega_3 &= k_4 + \frac{1}{\omega_4}, \quad \omega_4 > 1
\end{aligned} \tag{6.7}$$

と置くことができる（ω が有理数ならば，無限に続かずどこかで止まる）．

$$\begin{aligned}
\omega &= k_1 + \frac{1}{\omega_1} \\
&= k_1 + \cfrac{1}{k_2 + \cfrac{1}{\omega_2}} \\
&= k_1 + \cfrac{1}{k_2 + \cfrac{1}{k_3 + \cfrac{1}{\omega_3}}} \\
&= k_1 + \cfrac{1}{k_2 + \cfrac{1}{k_3 + \cfrac{1}{k_4 + \cfrac{1}{\omega_4}}}}
\end{aligned}$$

となる．

分数の列
$$k_1, \quad k_1 + \frac{1}{k_2}, \quad k_1 + \frac{1}{k_2 + \frac{1}{k_3}}, \quad k_1 + \frac{1}{k_2 + \frac{1}{k_3 + \frac{1}{k_4}}}, \quad \cdots$$

は ω に収束することが知られている．これを ω の連分数展開というが，これが賢明の零約術にほかならない．

さて，$\omega = \pi = 3.1415926535$ とする．$k_1 = 3$ は目視で分かるが，以下電卓を使って計算しよう．

$$k_2 = \left[\frac{1}{0.1415926535}\right] = [7.06251330593] = 7$$

$$k_3 = \left[\frac{1}{0.06251330593}\right] = [15.9965944068] = 15$$

$$k_4 = \left[\frac{1}{0.9965944068}\right] = [1.00341723092] = 1$$

$$k_5 = \left[\frac{1}{0.00341723092}\right] = [292.634598635] = 292$$

したがって，π の円分数展開は次のようになる．

$$3 = \frac{3}{1} = 3 \quad \text{過小近似}, \tag{6.8}$$

$$3 + \frac{1}{7} = \frac{22}{7} = 3.14285714286 \quad \text{過大近似}, \tag{6.9}$$

$$3 + \frac{1}{7 + \frac{1}{15}} = \frac{333}{106} = 3.14150943396 \quad \text{過小近似}, \tag{6.10}$$

$$3 + \frac{1}{7 + \frac{1}{15 + \frac{1}{1}}} = \frac{355}{113} = 3.14159292035 \quad \text{過大近似}, \tag{6.11}$$

$$3 + \frac{1}{7 + \frac{1}{15 + \frac{1}{1 + \frac{1}{292}}}} = \frac{103993}{33102} = 3.14159265301 \quad \text{過小近似}. \tag{6.12}$$

江戸初期の数学者たちは，(6.9) を約率，(6.11) を密率と呼んだ．

上の計算を，『綴術算経』ではどのように説明しているのだろうか．添え字のある記号がなかったので，江戸時代の数学書は読み解くのに暇がかかる．

図 6.4 の 7 行目から見てほしい．ここで，「除する」とは「引けるだけ引く」という意味である．

π を元数 1 で除して，第 1 の商を $k_1 = [\pi]$，第 1 の不尽を α_1 とする：$\pi = k_1 \times 1 + \alpha_1$．(6.7) の記号だと，$\alpha_1 = \frac{1}{\omega_1}$．

元数 1 を第 1 の不尽 α_1 で除して，第 2 の商を $k_2 = [1/\alpha_1]$，第 2 の不尽を α_2 とする：$1 = k_2 \times \alpha_1 + \alpha_2$．$\frac{1}{\alpha_1} = k_2 + \frac{\alpha_2}{\alpha_1}$ であるので，(6.7) の記号だと，$\frac{\alpha_2}{\alpha_1} = \frac{1}{\omega_2}$．

第 1 の不尽 α_1 を第 2 の不尽 α_2 で除して，第 3 の商を $k_3 = [\frac{\alpha_1}{\alpha_2}]$，第 3 の不尽を α_3 とする：$\alpha_1 = k_3 \times \alpha_2 + \alpha_3$．$\frac{\alpha_1}{\alpha_2} = k_3 + \frac{\alpha_3}{\alpha_2}$ であるので，(6.7) の記号だと，$\frac{\alpha_3}{\alpha_2} = \frac{1}{\omega_3}$．

第 2 の不尽 α_2 を第 3 の不尽 α_3 で除して，第 4 の商を $k_4 = [\frac{\alpha_2}{\alpha_3}]$，第 4 の不尽を α_4 とする：$\alpha_2 = k_4 \times \alpha_3 + \alpha_4$．$\frac{\alpha_2}{\alpha_3} = k_4 + \frac{\alpha_4}{\alpha_3}$ であるので，(6.7) の記号だと，$\frac{\alpha_4}{\alpha_3} = \frac{1}{\omega_4}$．

第 3 の不尽 α_3 を第 4 の不尽 α_4 で除して，第 5 の商を $k_5 = [\frac{\alpha_3}{\alpha_4}]$，第 5 の不尽を α_5 とする：$\alpha_3 = k_5 \times \alpha_4 + \alpha_5$．変数を添え字に持つ記号がないので書くことはできないが，一般形は容易に想像がつく．

例 2 の電卓計算で示したように，$k_1 = 3, k_2 = 7, k_3 = 15, k_4 = 1, k_5 = 292$ である．

$\pi = \frac{3+\alpha_1}{1}$ において，$\alpha_1 \approx 0$ とみなしたときの分母が第 1 の径率，分子が第 1 の周率である．弱率とは，過小近似 $\pi > \frac{3}{1}$ を意味する．

計算を続けて

$$\pi = \frac{3+\alpha_1}{1} = \frac{3 + \dfrac{1}{7+\alpha_2/\alpha_1}}{1} = \frac{22 + 3\alpha_2/\alpha_1}{7 + \alpha_2/\alpha_1}$$

において，$\alpha_2/\alpha_1 \approx 0$ とみなしたときの分母が第 2 の径率，分子が第 2 の周率である．すなわち，約率 (6.9) である．強率とは，過大近似 $\pi < \frac{22}{7}$ を意味する．

計算を続けて

$$\pi = \frac{22 + 3\alpha_2/\alpha_1}{7 + \alpha_2/\alpha_1} = \frac{22 + \dfrac{3}{15 + \alpha_3/\alpha_2}}{7 + \dfrac{1}{15 + \alpha_3/\alpha_2}} = \frac{333 + 22\alpha_3/\alpha_2}{106 + 7\alpha_3/\alpha_2}$$

において，$\alpha_3/\alpha_2 \approx 0$ とみなしたときの分母が第 3 の径率，分子が第 3 の周率である．3 等の弱率とは過少近似 $\pi > \frac{333}{106}$ を意味する．

計算を続けて

$$\pi = \frac{333 + \dfrac{22}{1 + \alpha_4/\alpha_3}}{106 + \dfrac{7}{1 + \alpha_4/\alpha_3}} = \frac{355 + 333\alpha_4/\alpha_3}{113 + 106\alpha_4/\alpha_3}$$

において，$\alpha_4/\alpha_3 \approx 0$ とみなしたときの分母が第 4 の径率，分子が第 4 の周率である．すなわち，密率 (6.11) である．これは 4 等の強率であり過大近似 $\pi > \frac{355}{113}$ を意味する．

賢弘は周率÷径率が過少，過大，過少，過大，... と繰り返して，円周率に近づくことを認識して，注意している．

6.3.2 関孝和の零約術

一方，関の零約術は現代用語で述べると次のようになる．

周率 $a_1 = 3$，径率 $b_1 = 1$ とする．a_k, b_k が $k = 1, 2, 3, \ldots, n$ まで求まったとき，

- $a_n/b_n < \pi$ ならば，$a_{n+1} = a_n + 4, b_{n+1} = b_n + 1$
- $a_n/b_n > \pi$ ならば，$a_{n+1} = a_n + 3, b_{n+1} = b_n + 1$

と置いていくのである．

『括要算法』第 4 巻には，径率を 1 から始めて，一つ一つ 113 まで増やして，対応する周率を計算している．この 113 個の周率と径率の組の中には，歴史上知られている周率と径率が全部現れるので，関は自信があったのであろうが，もっとも重要な密率（周率 355，径率 113）が 113 段計算して初めて現れるので，賢明はその改良を試みたのであろう．

ここでも，計算方法の絶え間ない吟味により，数学の理解が深まり，新しい計算方法の発見につながるという「綴術」の思想が現れていると賢弘は開陳している．

　『綴術算経』第 11 はまだ続くのであるが，数学的な内容は以上で尽きる．しかし，賢弘は『隋書』にある円周率に関する記事を引用し，中国古代の数学者祖冲之 (429–500) が円周率の密率 355/113 をすでに知っていたと述べ，「祖冲之と関孝和は，国を異にして時も違うのに，真理を理会することはまったく同じである．すばらしいことだ」と感想を述べている．

第7章 弧の長さを求めて

　直径 d の円周における高さ（円弧と弦の中点の距離）c の円弧の長さを s とする．弓の矢と見たてて，江戸時代初期の数学者は c を矢と呼び，s を弧背と呼んだ．

　矢 c が数値として与えられたとき，賢弘は弧背 s の長さを任意桁，効率よく求めることができた（後述の累遍増約術によると効率的な計算ができる）．しかし，s を c で表す術式（すなわち，s を c の式で表す方法）はなかなか見つけ出すことはできなかった．

　それも当然で，現代数学の言葉を使ってしまうと，s は c の逆正弦関数で表されるべきものであり，江戸時代の数学者の知っていた式は，多項式と分数式，あるいは平方根，立方根を含む無理式しかなかったからである．

7.1 現代数学の言葉では

　現代数学の用語で状況の説明をしよう．

　図 7.1 より次がいえる．まず，二つの直角3角形の相似性より，$x : c = d : x$ であるので，$x^2 = cd$ が成り立つ．また，直径の上にある直角3角形において，$\sin\theta = \dfrac{x}{d} = \sqrt{\dfrac{c}{d}}$ となる．また，角 θ は中心角でもあるので，$\dfrac{d}{2}\theta = \dfrac{s}{4}$ となる．したがって，半背は，

$$\frac{s}{2} = d\theta = d\arcsin\sqrt{\frac{c}{d}}$$

であり，それを自乗して，半背冪を逆三角関数で与えることができた．

$$\left(\frac{s}{2}\right)^2 = \left(d\arcsin\sqrt{\frac{c}{d}}\right)^2$$

賢弘は，この逆正弦関数の補間式や展開式を求めようと努力したのである．

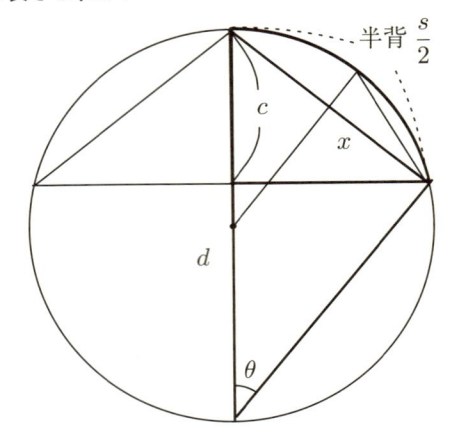

図 7.1 直径 d の円において矢 c に対する弧の半分を半背という

7.2 『竪亥録』の近似式

　江戸初期の数学者の今村知商の『竪亥録』（寛永 6 (1639) 年）がある（図 7.2）．そこには，弧背の長さ s の近似値を与える

$$s^2 = 4cd + 2c^2$$

という公式が与えられている．

　半円の場合，すなわち $c = d/2$ のとき，$s^2 = 2d^2 + d^2/2 = (10/4)d^2$ となるので，半円の長さは $\sqrt{10}\,d/2$ となり，『竪亥録』では，円周率が $\sqrt{10}$ と考えられていたことが分かる．前節の砕約術の適用でも，この例でも，s よりも s^2 のほうが計算しやすい．江戸初期の数学者は，s^2 のことを弧背冪と名づけていた．

　賢弘は，π の近似値として，密率 355/166 を採用し，この公式を修正し，古法として『綴術算経』で引用している．

$$s^2 = 4(cd - c^2) + 5.8696c^2 = 4cd + 1.8696c^2$$

　さらに古法の改良版として，

$$s^2 = 4cd + 1.8696c^2 - \frac{(d-2c)c^2}{2(d-c)}$$

を『綴術算経』で与えている．しかし，これらが不正確であることを賢弘は知っていた．

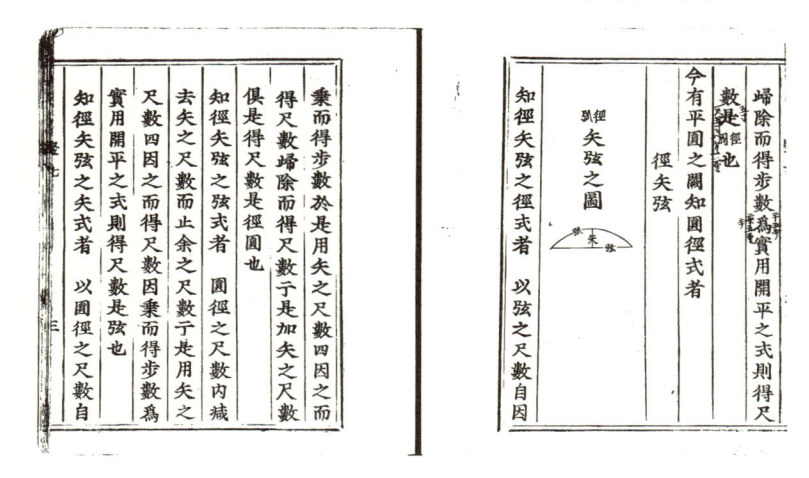

図 7.2 今村知商『竪亥録』（東北大学林文庫 0002，55 丁裏〜56 丁表）．「径矢弦」の冒頭部分．なおこの本は銅活字版である．

7.3 『研幾算法』第 1 問

『研幾算法』の第 1 問（図 2.3 参照）は，弧法に関するものである．現代語に訳してみると次のようになる．

> 今，弧形がある．只云う，矢若干，弦若干．面積はいかほどかと問う．
> （円の率は，周 355 尺，径 113 尺を用いる．）
> 答えて曰く，面積を得る．

円の直径を d，矢を c，弦を a とすると，勾股弦の関係より

$$\left(\frac{d}{2} - c\right)^2 + \left(\frac{a}{2}\right)^2 = \left(\frac{d}{2}\right)^2$$

であるので，

$$c^2 + \frac{a^2}{4} = cd$$

という関係がある．だから，円の直径 d は，c と a で表すことができる．

弧背の長さを s を使って，弧形の面積 S は，

$$S = \frac{1}{2}\frac{1}{2}ds - \frac{1}{2}\left(\frac{d}{2} - c\right)a$$

と書ける．

東北大学には『研幾算法演段諺解』という稿本が保存されている．著者名，発行年などは記されていないが，奎運堂という印が押してある．この書物も賢弘の著作である可能性が大である．『研幾算法演題諺解』では，この第1問への解答として，径と矢を与えたとき弧背冪 s^2 を与える式（$d=1$ としたとき c の5次多項式）が与えられている．「弧法は，師伝の秘訣で，別書にこれを載せる」と『研幾算法』の凡例の末尾（図 2.3 の5行目以下参照）で述べているのが，関孝和ゆかりの工夫で，『研幾算法演題諺解』の公式ではあるまいか．

現代的に表記するとこの公式は次のようになる．

$$s^2 = \frac{a_0 d^5 + a_1 c d^4 + a_2 c^2 d^3 + a_3 c^3 d^2 + a_4 c^4 d + a_5 c^5}{4596840 d^3} \tag{7.1}$$

ただし，

$$a_0 = -81, \quad a_1 = 18393267, \quad a_2 = 6021104,$$

$$a_3 = 4081524, \quad a_4 = -715920, \quad a_5 = 5599232$$

また，分母には $4596840 = 360 \cdot 1132$ が現れている．

7.4 『括要算法』の求弧術

『括要算法』第4巻には，s^2 が分数式（$d=1$ としたとき，分母は c の5次式，分子は c の7次式）が与えられている．直径 $d = 10$ 寸 $= 1$ 尺の円が与えられたとき，矢 $c = 1, 2, 3, 4, 4.5$ 寸に対して，実際に弧背 s 寸を計算して，

$$(c, s) = (1, 6.4350116), \quad (2, 9.272953), \quad (3, 11.5927958),$$
$$(4, 13.6943852), \quad (4.5, 14.70629030)$$

の五つを求めた．

この五つの値を補間する近似式を，ニュートンの補間法に類似した方法で求めた．

公式に現れる係数は次のように『括要算法』に与えられている．

$$b_1 = 5107600, \ b_2 = 23835413, \ b_3 = 43470240, \ b_4 = 37997429,$$

$$b_5 = 15047062, \ b_6 = 1501025, \ b_7 = 281290, \ b_8 = 12769 = 1132$$

（松永良弼の修正値も伝わっている．）

$$s^2 = \frac{b_1 cd^6 - b_2 c^2 d^5 + b_3 c^3 d^4 - b_4 c^4 d^3 + b_5 c^5 d^2 - b_6 c^6 d - b_7 c^7}{b_8 d^2 (d-c)^5} \tag{7.2}$$

この式にも 113 が現れるのは関が円周率の近似分数として 355/113 を用いたからである．関は円周率を分数値で近似したときの誤差の補正を行うなどきわめて緻密な計算を実行している．

式 (7.2) による s の誤差は 10^{-6} 程度であって，その意味では関の試みは成功裏に終わったといえる．

この関の方法は中国から伝来した『授時暦』中の招差法にその起源を見ることができる．

(7.2) は $c = 0$ のとき $s = 0$ となっており，この点では『研幾算法』の公式 (7.1) より改良されている．

7.5　『大成算経』巻十二の公式

『大成算経』には，s^2 を近似する別の分数式（$d = 1$ としたとき，分母は c の 3 次式，分子は c の 5 次式）が与えられている．

公式に現れる数値は次のように与えられる．

$$H_1 = 39020125496, \quad H_2 = 61434714678, \quad H_3 = 25918266069,$$
$$H_4 = 1828448393, \quad H_5 = 102756994, \quad K_1 = 9755031374,$$
$$K_2 = 18610356125, \quad K_3 = 10948798854, \quad K_4 = 1913138432$$

$$s^2 = \frac{H_1 d^4 c - H_2 d^3 c^2 + H_3 d^2 c^3 - H_4 dc^4 - H_5 c^5}{K_1 d^3 - K_2 d^2 c + K_3 dc^2 - K_4 c^3} \tag{7.3}$$

円周率は，355/113 より精度が良い値を用いている．この公式は『括要算法』の公式 (7.2) よりあとであると推定される．『綴術算経』(1722) で「四乗求背の術」と引用されているのが，この公式ではないだろうか．

7.6　『弧率』の近似式

背冪

$$s^2 = \left(2d \arcsin \sqrt{c/d}\right)^2 \tag{7.4}$$

の数値計算は，現代では Mathematica のような数式処理ソフトで計算することができる．

```
G[c_, d_] = (2*d ArcSin[Sqrt[c/d]])2
N[G[{1, 2, 3, 4, 45/10, 5}, 10], 25]
```

{41.40936770181864283627168, 85.98764213286575548425309, \
134.3928914435610127284475, 187.5361547840326075823830, \
216.2749378084305902074557, 246.7401100272339654708623}

『弧率』ではこの六つの値を補間する近似式として，分子が 5 次式，分母が 4 次式の分数式を求めた．

$$\text{分子} = 17243148700cd^4 - 27148244837c^2d^3 + 11453384892c^3d^2$$
$$- 807998619c^4d - 45408726c^5$$

$$\text{分母} = 4310787175d^3 - 8223990414cd^2 + 4838317774c^2d - 845423484c^3$$

この分数式のグラフと (7.4) のグラフは，重なって見える．二つの関数の差のグラフを描いてみると，誤差は 1.5×10^{-8} 以下であり，十分に実用的である．

このようにたくさんの試みがなされているものの，式は複雑で，しかも弧背冪の近似値に過ぎなかったものなので，これで完成という境地には誰もなれなかった．このことは賢弘の脳裏を離れることがなく，彼は工夫に工夫を重ねて，一大発見に達するのである．そのことについては章を改めて述べることにしよう．

第8章　無限級数の発見

　直径 d の円周における，矢 c に対する円弧の長さを弧背 s という．s，半背 $s/2$，あるいは半背冪 $(s/2)^2$ を，d と c の式として表すことが関の時代の難問であったことは前章で述べた．

　賢弘は，累遍増約術にて，直径 d と矢 c が数値として与えられたとき，弧背 s の長さを任意桁，効率よく求めることができたが，s を d と c で表す術式はなかなか見つけ出すことはできなかった．

　しかし，賢弘はついに，c/d の無限級数のかたちで $(s/2)^2$ を表示することに成功した．この結果により，賢弘は関を始めとする先達たちを凌ぐことができたのである．

8.1　建部賢弘の数値的方法

　『綴術算経』の第12「弧数を探る」は40丁裏から54丁裏まで14丁にわたる．全部で60丁の書物であるので，その約4分の1である．（図8.1を参照．）

　矢 c は $0 \leq c \leq d/2$ の間を動くが，その値が大きいときには，賢弘は何回試みても，矢と対応する弧背に規則性を見出すことができなかった．そこで，彼は発想を転換して，c の値を小さくして，その対応する半背冪 $(s/2)^2$ を求めてみた．

　そして，直径を1尺，すなわち $d = 10$，矢を1忽，すなわち $c = 10^{-5}$ の場合の半背冪を計算するのである（忽は $1/100000$ のこと．ちなみに $1/10$ 以下順に，分，厘，毛，糸，忽と呼ぶ）．

　求めた半背冪は，『綴術算経』第41丁裏の5行目から8行目に，次のよう

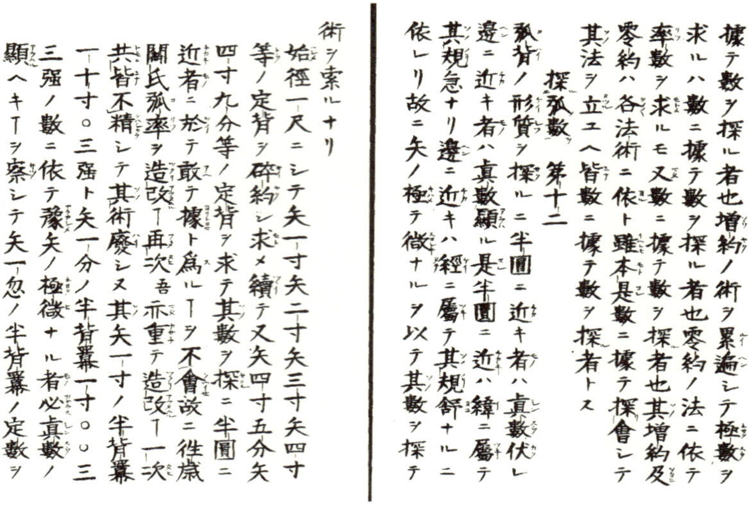

図 8.1 建部賢弘『綴術算経』(国立公文書館内閣文庫, 40 丁裏〜41 丁表). 第 12「弧数を探る」は 40 丁裏の 6 行目から始まる. この章に, 逆三角関数のテイラー展開の公式が与えられている.

に漢数字で書かれている.

1 糸 000000333333511111225396906666728234776947959875 強

1 糸は 10^{-4} のことであり, 末尾の強は, 打ち切りをあらわしている.

賢弘は, 円弧を内接する弦で近似し, 円弧を 2 等分して内接弦の和で近似し, 次に小円弧を 2 等分 (はじめの円弧を 4 等分) し, 内接弦の和で近似し, と以下, 円弧を 8 等分, 16 等分, 32 等分, 64 等分と分割し, 得られた内接弦 (折れ線) の長さを求め, 累遍増約術で加速して, 円弧の長さを求めたのである. 計算の方法を「術」といったが, 今日のコンピュータのプログラムに相当する.

現代表記をすると, $c = 10^{-5}$ のときの弧長の半分の自乗を

$$\left(\frac{s}{2}\right)^2 = 0.000100000333335111112253969066667282347769479595875$$

と求め, これを定半背冪と呼んだ. この値の第 1 近似値は 0.0001 であるが, 賢弘はこれが $cd = 0.0001$ に等しいことを観察し, これを汎半背冪と呼んだ.

第 1 定差 t_1 を $t_1 = (s/2)^2 - cd$ と定義する．この値は

$$t_1 = 0.3333335111112253969066667282347769479595875 \times 10^{-10}$$

である．この数値を観察すると，t_1 のオーダーと c^2 のオーダーが同じであることがわかる．そこで，両者の比を計算してみると $t_1/c^2 = 0.333333511111$ となる．零約術を用いると，この小数が 1/3 で近似されることをがわかる．そこで，第 1 汎差 h_1 を

$$h_1 = c^2 \times \frac{1}{3} \tag{8.1}$$

で定義する．この値は

$$h_1 = 0.3333333333333333333333333333333333333333333 \times 10^{-10}$$

である．

第 2 定差を $t_2 = t_1 - h_1$ と定義する．この値は

$$t_2 = 0.17777789206357333394901443614626 2542 \times 10^{-16}$$

である．この数値を観察して，t_2 のオーダーは $h_1 \times (c/d)$ のオーダーと同じであることを見抜いた．そこで，これらの比を計算すると $t_2/(h_1 \times (c/d)) = 0.53333367619$ となる．零約術によって，この小数は 8/15 で近似されることがわかる．そこで，第 2 汎差 h_2 を

$$h_2 = h_1 \times \frac{c}{d} \times \frac{8}{15} \tag{8.2}$$

と定義する．この値は

$$h_2 = 0.17777777777777777777777777777777777777 \times 10^{-16}$$

である．

次に，第 3 定差を $t_3 = t_2 - h_2$ と定義する．その値は

$$t_3 = 0.1142857955561712366583684 84764 \times 10^{-22}$$

である．この数値を観察すると，そのオーダーが $h_2 \times (c/d)$ のオーダーと同じであることがわかる．そこで，両者の比を計算して $t_3/(h_2 \times (c/d)) = 0.6428576$

が得られる．零約術によって，この小数は 9/14 で近似される．そこで，第 3 汎差 h_3 を

$$h_3 = h_2 \times \frac{c}{d} \times \frac{9}{14} \tag{8.3}$$

と定義する．この値は

$$h_3 = 0.1142857142857142857142857 \times 10^{-22}$$

である．

次に，第 4 定差を $t_4 = t_3 - h_3$ と定義する．その値は

$$t_4 = 0.812699028379515511341907 \times 10^{-29}$$

である．この数値を観察して，そのオーダーが $h_3 \times (c/d)$ のオーダーと同じことを発見する．そこで，両者の比を取ると $t_4/(h_3 \times (c/d)) = 0.71111164983$ となる．零約術によって，この小数は 32/45 で近似される．そこで，第 4 汎差 h_4 を

$$h_4 = h_3 \times \frac{c}{d} \times \frac{32}{45} \tag{8.4}$$

と定義する．この値は $h_4 = 0.812698412698412698412698 \times 10^{-29}$ である．

次に，第 5 定差を $t_5 = t_4 - h_4$ と定義する．この値は

$$t_5 = 0.615681102812929209 \times 10^{-35}$$

である．この数値を観察すると，そのオーダーが $h_4 \times (c/d)$ のオーダーと同じであることがわかる．そこで，両者の比を計算すると $t_5/(h_4 \times (c/d)) = 0.75757635697$ となる．零約術によって，この小数は 25/33 によって近似される．そこで，第 5 汎差 h_5 を

$$h_5 = h_4 \times (c/d) \times (32/45) \tag{8.5}$$

と定義する．この値は $h_5 = 0.615680615680615681 \times 10^{-35}$ である．

次に，第 6 定差を $t_6 = t_5 - h_5$ と定義する．その値は

$$t_6 = 0.487132313528 \times 10^{-41}$$

である．これを観察すると，そのオーダーが $h_5 \times (c/d)$ と同じであることがわかる．そこで，両者の比を計算すると $t_6/(h_5 \times (c/d)) = 0.79120943736$ と

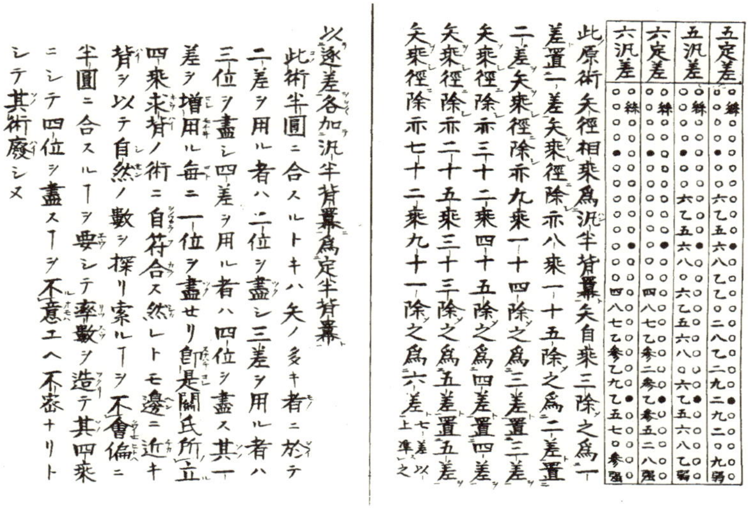
此原術矢徑相乘爲汎半背冪矢自乘三除之爲一差置一差矢乘徑除亦八乘一十五除之爲二差置二差矢乘徑除亦九乘一十四除之爲三差置三差矢乘徑除亦三十二乘四十五除之爲四差置四差矢乘徑除亦二十五乘三十三除之爲五差置五差矢乘徑除亦七十二乘九十一除之爲六差 七差以上準之

以逐差各加汎半背冪爲定半背冪

此術半圓ニ合スルトキハ矢ノ多キ者ニ於テ二差ヲ用ル者ハ二位ヲ盡シ三差ヲ用ル者ハ三位ヲ盡シ四差ヲ用ル者ハ四位ヲ盡ス其一差ヲ増用ル毎ニ一位ヲ盡セリ即是闗氏所立四乘求背ノ術ニ自符合ス然レトモ邊ニ近キ背ヲ以テ自然ノ數ヲ探リ索ルヿヲ不會偏ニ半圓ニ合スルヿヲ要シテ率數ヲ造テ其四乘ニシテ四位ヲ盡スヿヲ不意エヘ不容ナリトシテ其術癈シヌ

図 8.2 建部賢弘『綴術算経』(国立公文書館内閣文庫，45 丁裏〜46 丁表)．漢文で逆三角関数のテイラー展開の公式が書かれている．

なる．零約術によって，この小数は 72/91 によって近似される．そこで，第 6 汎差 h_6 を

$$h_6 = h_5 \times \frac{c}{d} \times \frac{72}{91} \tag{8.6}$$

と定義する．この値は $h_6 = 0.487131915703 \times 10^{-41}$ である．賢弘はここまで書いて，以下同様に計算がいくらでも続けられることを主張している．

最後に，$(s/2)^2$, cd, t_1, h_1, t_2, h_2, t_3, h_3, t_4, h_4, t_5, h_5, t_6, h_6 を数表としてまとめてある．

以上のように，定半背冪を求める公式が漢文で，図 8.2 右側の 5 行目から左側 1 行目にかけて記述されている．現代表記すると次のようになる．

$$\left(\frac{s}{2}\right)^2 - cd = t_1 = h_1 + t_2 = h_1 + h_2 + t_3 = \cdots$$

$$= h_1 + h_2 + h_3 + h_4 + h_4 + h_5 + h_6(+ t_7)$$

となる．ここに (8.1), (8.2), (8.3), (8.4), (8.5), (8.6) を代入すると，

$$\left(\frac{s}{2}\right)^2 \approx cd + \frac{1}{3}c^2 + \frac{1}{3}\frac{8}{15}\frac{c^3}{d} + \frac{1}{3}\frac{8}{15}\frac{9}{14}\frac{c^4}{d^2} + \frac{1}{3}\frac{8}{15}\frac{9}{14}\frac{32}{45}\frac{c^5}{d^3}$$
$$+ \frac{1}{3}\frac{8}{15}\frac{9}{14}\frac{32}{45}\frac{25}{33}\frac{c^6}{d^4} + \frac{1}{3}\frac{8}{15}\frac{9}{14}\frac{32}{45}\frac{25}{33}\frac{72}{91}\frac{c^7}{d^5} \tag{8.7}$$

が得られる．この式はのちに

$$\left(\frac{s}{2}\right)^2 = cd\left\{1 + \frac{2^2}{3\cdot 4}\left(\frac{c}{d}\right) + \frac{2^2\cdot 4^2}{3\cdot 4\cdot 5\cdot 6}\left(\frac{c}{d}\right)^2 \right.$$
$$\left. + \frac{2^2\cdot 4^2\cdot 6^2}{3\cdot 4\cdot 5\cdot 6\cdot 7\cdot 8}\left(\frac{c}{d}\right)^3 + \cdots\right\} \tag{8.8}$$

の形で得られた（『円理弧背術』）．ただし，『円理弧背術』で述べられている方法はここで示したものとは異なるもので，(8.7) から直接この式が得られたという証拠はない．

さて，賢弘はこの分母，分子をそれぞれ別に観察して，第 i 項 ($i \geq 2$) において第 $i-1$ 項に乗ずるべき分数が

$$i \text{ が偶数のときは } \frac{2i^2}{(2i+1)(i+1)},$$
$$i \text{ が奇数のときは } \frac{i^2}{(2i+1)(i+1)/2}$$

であることを帰納的に推測した（現在の数式の表記に慣れていれば，両者が同じ式であることはすぐに気が付くが，両者の同一性に気がつくのは，賢弘であっても『円理弧背術』を執筆する頃である）．

そしてその結果を図 8.3 の左側に表として書き出した．

こうして賢弘は，次のアルゴリズムで，必要なだけいくらでも計算を続けることができると知ったのである．

$$E := c^2/3;$$
$$S := cd + E;$$
$$\textbf{for } i := 2 \textbf{ to } N \textbf{ do begin}$$
$$\quad \textbf{if } i \bmod 2 = 0 \textbf{ then}$$
$$\quad\quad \textbf{begin } P := (2i+1)(i+1);\ Q := 2i^2 \textbf{ end}$$

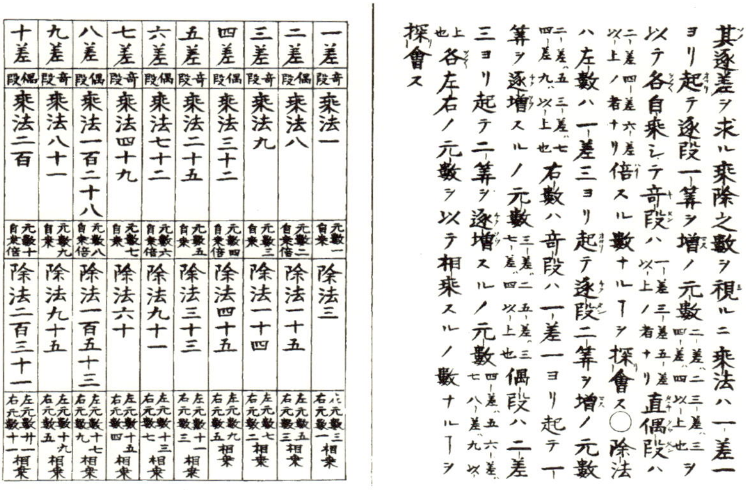

其逐差ヲ求ル乘除之數ヲ視ルニ乘法ハ一差一ヨリ起テ逐段一算ヲ増ノ元數（二差ハ二三差ハ三四差ハ四以上也）ヲ以テ各自乘シテ奇段ハ（一差三差五差以上ノ者ナリ）直偶段ハ（二差四差六差以上ノ者ナリ）倍スル數ナルヿヲ探會ス○除法ハ左數ハ一差三ヨリ起テ逐段二算ヲ増ノ元數（二差ハ五三差ハ七四差ハ九以上也）右數ハ奇段ハ一差一ヨリ起テ一算ヲ逐増スルノ元數（三差ハ二五差ハ三七差ハ四以上也）偶段ハ二差三ヨリ起テ二算ヲ逐増スルノ元數（四差ハ五六差ハ七八差ハ九以上也）各左右ノ元數ヲ以テ相乘スルノ數ナルヿヲ探會ス

十差	九差	八差	七差	六差	五差	四差	三差	二差	一差
偶段	奇段	偶段	奇段	偶段	奇段	偶段	奇段	偶段	奇段
乘法二百	乘法八十一	乘法一百二十八	乘法四十九	乘法七十二	乘法二十五	乘法三十二	乘法九	乘法八	乘法一
元數十自乘倍	元數九自乘	元數八自乘倍	元數七自乘	元數六自乘倍	元數五自乘	元數四自乘倍	元數三自乘	元數二自乘倍	元數一自乘
除法二百三十一	除法九十五	除法一百五十三	除法六十	除法九十一	除法三十三	除法四十五	除法一十四	除法一十五	除法三
左元數廿一右元數十一相乘	左元數十九右元數五相乘	左元數十七右元數九相乘	左元數十五右元數四相乘	左元數十三右元數七相乘	左元數十一右元數三相乘	左元數九右元數五相乘	左元數七右元數二相乘	左元數五右元數三相乘	左元數三右元數一相乘

図 **8.3**　建部賢弘『綴術算経』(国立公文書館内閣文庫，46 丁裏〜47 丁表)．47 丁表には，数表の形で，テイラー展開の係数が与えられ，その規則性を示唆している．

else

　　begin $P := (2i+1)(i+1)/2$; $Q := i^2$ **end**;

　　$S := S + E \cdot \dfrac{Q}{P} \cdot \dfrac{c}{d}$

end;

この式 (8.7) が日本数学史において初めて得られた無限級数とされている．

8.2　逆三角関数に関する三つの公式

賢弘は『綴術算経』第 12 で，第 1 の近似式 (8.7) に続いてさらに二つの公式を述べている．

第 2 の近似式は，

$$\left(\frac{s}{2}\right)^2 \approx cd + \frac{1}{3}c^2 + \frac{1}{3}\frac{8}{15}\frac{c^3}{d-c} - \frac{1}{3}\frac{8}{15}\frac{5}{14}\frac{c^4}{(d-c)^2} + \frac{1}{3}\frac{8}{15}\frac{5}{14}\frac{12}{25}\frac{c^5}{(d-c)^3} - \frac{1}{3}\frac{8}{15}\frac{5}{14}\frac{12}{25}\frac{223}{398}\frac{c^6}{(d-c)^4} \tag{8.9}$$

である.『綴術算経』49丁表1–49裏10,「矢径差除求差者（しけいのさにじょしてさをもとむるもの）」. なおこの式中, 398とあるのは396が正しい.

賢弘はこの公式を, 乗数を増やしてもあまり精密にならないから破棄すると述べている. 賢弘はこの公式が彼自身による「六乗求背（ろくじょうきゅうはい）の元術」に符合することを述べているが, その元術については未詳である.

第3の近似式は

$$\left(\frac{s}{2}\right)^2 \approx cd + \frac{1}{3}c^2 + \frac{1}{3}\cdot\frac{c^3}{d-\frac{9}{14}}\cdot\frac{8}{15}$$

$$+ \frac{1}{3}\cdot\frac{c^5}{d-\frac{9}{14}}\cdot\frac{1}{d^2-\frac{1696}{1419}cd+\frac{6743008}{26176293}c^2}\cdot\frac{8}{15}\cdot\frac{43}{980} \quad (8.10)$$

である. 同53丁裏9–54丁表8,「探除法用拠矢段数（じょほうにしによるだんすうをもちうることをさぐる）」.

なお, 賢弘の述べる通りに計算すると, 分数6743008/26176293は得られない. しかし, 零約術による十進値の展開をせずに計算をすると, この値が得られる. その意味では賢弘が述べたこの分数は誤りとはいえないのであるが, 賢弘がなぜこのような値を記したのかは不明であった. 横塚啓之氏はこれについて, この分数は$c=10^{-5}$ではなくて$c=10^{-13}$のときの計算値であることを明らかにした. $c=10^{-13}$という矢の値は『算暦雑考』に書かれているから, 根拠のない値ではない.

なお, 賢弘は『綴術算経』で, この第3の近似公式のために, $c=10^{-5}$ではなくて$c=10^{-9}$として, 計算を90桁まで行なったと述べているが, $c=10^{-9}$で計算してもこの分数は得られない.『算暦雑考』に関する研究は古くからあったが,『綴術算経』における弧長との関連において注目すべき結果を得たのは横塚氏が最初であろう.

賢弘はこの公式のアルゴリズム化には至らず, 方針を述べるにとどまった.

8.2.1 三つの近似式の意味

今$t=\dfrac{c}{d}$と置けば, $\left(\dfrac{s}{2}\right)^2 = d^2(\arcsin\sqrt{t})^2$であるから, 上の近似式(8.7),

(8.9), (8.10) は $f(t) = (\arcsin\sqrt{t})^2$ をそれぞれ

$$f(t) \approx t\Big(1 + \frac{1}{3}t\Big(1 + \frac{8}{15}t\Big(1 + \frac{9}{14}t\Big(1 + \frac{32}{45}t\Big(1 + \frac{25}{33}t\Big(1 + \frac{72}{91}t\Big)\Big)\Big)\Big)\Big)\Big) \tag{8.11}$$

$$f(t) \approx t\Big(1 + \frac{1}{3}t\Big(1 + \frac{8}{15}\frac{t}{1-t}\Big(1 - \frac{5}{14}\frac{t}{1-t}\Big(1 - \frac{12}{25}\frac{t}{1-t}\Big(1 + \frac{223}{398}\frac{t}{1-t}\Big)\Big)\Big)\Big)\Big) \tag{8.12}$$

$$f(t) \approx t\left(1 + \frac{1}{3}t\left(1 + \frac{8}{15}\frac{t}{1 - \frac{9}{14}t}\left(1 + \frac{43}{980}\frac{t^2}{1 - \frac{1696}{1419}t + \frac{6743008}{26176293}t^2}\right)\right)\right) \tag{8.13}$$

と近似したことになる．この形での近似が江戸時代の日本数学における標準であるが，それはソロバンでの計算を容易にするためであったと考えられる．

以下，Mathematica のような数式処理システムを前提として，三つの公式を求めるためのアルゴリズムを考える．

8.2.2 第 1 の近似式

(8.11) は $f(t)$ のテイラー展開を有限次で打ち切ったものにほかならない．$f(t)$ は $|t| < 1$ で解析的であるから，テイラー展開は $|t| < 1$ において正しい．すなわち，第 1 項までのテイラー展開を繰り返し計算すると，

$$f(t) = a_1 t + O(t^2), \quad f_1(t) = \frac{f(t)}{a_1 t} = 1 + a_2 t + O(t^2),$$

そして，

$$f_k(t) = \frac{f_{k-1}(t) - 1}{a_k t} = 1 + a_{k+1} t + O(t^2), \quad k = 2, 3, 4, \ldots$$

となるから，

$$f(t) = a_1 t(1 + a_2 t(1 + a_3 t(1 + a_4 t(1 + a_5 t(1 + a_6 t(1 + a_7 f_7(t)))))))$$

が得られる．ここで $f_7(t) = 1$ と近似すれば，近似式 (8.11) になる．

8.2.3 テイラー展開について

賢弘の時代には，現代数学の三角関数も逆三角関数もなかったが，ここでは，賢弘の数学を理解するために，現代数学の用語を用いて，彼の行った研究を説明しよう．

少し，微分積分学の復習をしよう．$f(t)$ が $t=0$ の近くで定義された 1 変数関数としよう．

$$f(t) = a_0 + a_1 t + a_2 t^2 + a_3 t^3 + \cdots + c_k t^k + \cdots$$

と $t=0$ の近くで冪級数展開できたとする．$t=0$ を代入すると，$f(0)=a_0$ でなくてはならない．項別に微分できたとすると，

$$f'(t) = a_1 + 2a_2 t + 3a_3 t^2 + \cdots + k c_k t^{k-1} + \cdots$$

となるので，また $t=0$ を代入すると，$f'(0)=a_1$ となる．この操作を繰り返すと，f の k 次微分を $f^{(k)}$ で表せば $f^{(k)}(0) = k! a_k$ を得るので，最初の展開式に代入すると，

$$f(t) = f(0) + f'(0)t + \frac{f''(0)}{2}t^2 + \frac{f'''(0)}{3!}t^3 + \cdots + \frac{f^{(k)}(0)}{k!}t^k + \cdots$$

という式が得られる．これをテイラー展開という．

賢弘が発見した公式は，関数 $f(t) = (\arcsin(\sqrt{t}))^2$ のテイラー展開にほかならなかった．第 6 章に述べたように，江戸時代の日本数学者は座標平面の概念を持たなかったので，関数やそのグラフ，ましてや微分積分は知らなかった．しかし，前節で示したように，今日の微積分学とは全く異なった数値的方法で，微積分学のテイラー展開を発見したのである．

8.2.4 第 2 の近似式

(8.12) は，$\left(\dfrac{f(t)}{t} - 1\right)\dfrac{a_3}{t}$ を変数 $\dfrac{t}{1-t}$ によってテイラー展開し，それを有限項で打ち切ったものにほかならない．

初めの 2 段は第 1 の近似式と同様である．すなわち

$$f(t) \equiv a_1 t, \ f_1(t) = \frac{f(t)}{a_1 t} \equiv 1 + a_2 t, \ f_2(t) = \frac{f_1(t)-1}{a_2 t} \equiv 1 + a_3 t \mod t^2$$

ここで，
$$1 + a_3 t \equiv 1 + a_3(t + t^2 + t^3 + \cdots) = 1 + \frac{a_3 t}{1-t} \mod t^2$$
であることに注意しておく．ここで $f_2(t)$ を $1 + a_3 t$ ではなく $1 + a_3 t/(1-t)$ によって近似する．そして $\tilde{f}_3(t)$ を
$$\tilde{f}_3(t) = (f_2(t) - 1)\frac{1-t}{a_3 t} = f_3(t)(1-t) = 1 + \frac{\tilde{a}_4 t}{1-t} \mod t^2$$
とおく．一般に $\tilde{f}_k(t)$ を
$$\tilde{f}_k(t) = (\tilde{f}_{k-1}(t) - 1)\frac{1-t}{\tilde{a}_k t} \equiv 1 + \frac{\tilde{a}_{k+1} t}{1-t} \mod t^2, \ (k = 3, 4, 5, \ldots)$$
と定義する．このときたとえば
$$f(t) = a_1 t \left(1 + a_2 t \left(1 + \frac{a_3 t}{1-t}\left(1 + \frac{\tilde{a}_4 t}{1-t}\left(1 + \frac{\tilde{a}_5 t}{1-t}\left(1 + \frac{\tilde{a}_6 t}{1-t}\tilde{f}_6(t)\right)\right)\right)\right)\right)$$
が得られる．ここで $\tilde{f}_6(t) = 1$ と近似すれば，第 2 の近似式 (8.12) が得られる．

8.2.5　第 3 の近似式

初めの 2 段は上の近似式と同様である．すなわち，
$$f(t) \equiv a_1 t, \ f_1(t) = \frac{f(t)}{a_1 t} \equiv 1 + a_2 t, \ f_2(t) = \frac{f_1(t) - 1}{a_2 t} \equiv 1 + a_3 t \mod t^2$$
$f_2(t) = 1 + O(t)$ に注意しておく．

さて，テイラー展開を 1 次の項まで計算すると
$$\frac{t}{f_2(t) - 1} = \frac{1}{a_3}(1 + b_{31} t) \mod t^2$$
となるから，これを書き直すと
$$f_2(t) = 1 + \frac{a_3 t}{1 + b_{31} t} \mod t^3$$
が得られる．ここで $\hat{f}_3(t)$ を
$$\hat{f}_3(t) = (f_2(t) - 1)\frac{1 + b_{31} t}{a_3 t} = 1 + O(t^2)$$

と定義する．次にテイラー展開を 2 次の項まで計算すると

$$\frac{t^2}{\hat{f}_3(t)-1} = \frac{1}{\hat{a}_4}(1 + b_{41}t + b_{42}t^2) \mod t^3$$

となるから，これを書き直して

$$\hat{f}_3(t) = 1 + \frac{\hat{a}_4 t^2}{1 + b_{41}t + b_{42}t^2} \mod t^5$$

が得られる．賢弘はここで計算を中断しているが，コンピュータを用いればもっと先まで計算することができる．

$\hat{f}_4(t)$ を

$$\hat{f}_4(t) = (\hat{f}_3(t) - 1)\frac{1 + b_{41}t + b_{42}t^2}{\hat{a}_4 t^2} = 1 + O(t^3)$$

と定義する．テイラー展開を 3 次の項まで計算すると

$$\frac{t^3}{\hat{f}_4(t)-1} = \frac{1}{\hat{a}_5}(1 + b_{51}t + b_{52}t^2 + b_{53}t^3) \mod t^4$$

となるから，これを書き直して

$$\hat{f}_4(t) = 1 + \frac{\hat{a}_5 t^3}{1 + b_{51}t + b_{52}t^2 + b_{53}t^3} \mod t^7$$

を得る．$\hat{f}_5(t)$ を

$$\hat{f}_5(t) = (\hat{f}_4(t) - 1)\frac{1 + b_{51}t + b_{52}t^2 + b_{53}t^3}{\hat{a}_5 t^3} = 1 + O(t^4)$$

と定義する．このようにして近似式

$$f(t) = a_1 t \left(1 + a_2 t \left(1 + \frac{a_3 t}{1 + b_{31}t}\left(1 + \frac{\hat{a}_4 t^2}{1 + b_{41}t + b_{42}t^2}\left(1 + \frac{\hat{a}_5 t^3}{1 + b_{51}t + b_{52}t^2 + b_{53}t^3}\hat{f}_5(t)\right)\right)\right)\right)$$

が得られる．ここで $\hat{f}_5(t) = 1$ と近似すれば第 3 の近似式 (8.13) が得られる．

8.3　無限級数展開の代数的な求め方

賢弘は，上述の巧妙な数値解析的方法で，『綴術算経』で半背冪の無限級数展開を発見した．

8.3 無限級数展開の代数的な求め方

$(\arcsin \sqrt{t})^2$

$$= t + \frac{t^2}{3} + \frac{8t^3}{45} + \frac{4t^4}{35} + \frac{128t^5}{1575} + \frac{128t^6}{2079} + \frac{1024t^7}{21021} + \cdots \quad (8.14)$$

$$= t\left(1 + \frac{t}{3}\left(1 + \frac{8t}{15}\left(1 + \frac{9t}{14}\left(1 + \frac{32t}{45}\left(1 + \frac{25t}{33}\left(1 + \frac{72t}{91}\right)\right)\right)\right)\right)\right)$$

一つ注意したいことは，現代では第1式が標準形であるが，賢弘にとっては第2式が標準形であった．実際に t に数値を入れて計算するときに，第2式のほうが，掛け算の回数が少なくてすむのである．

第2式にあらわれる係数を抜書きにして，その規則性を探ってみる．

$$\frac{1}{3} \quad \frac{8}{15} \quad \frac{9}{14} \quad \frac{32}{45} \quad \frac{25}{33} \quad \frac{72}{91}$$

$$\frac{1}{1\cdot 3} \quad \frac{2\cdot 22}{3\cdot 5} \quad \frac{32}{2\cdot 7} \quad \frac{2\cdot 42}{5\cdot 9} \quad \frac{52}{3\cdot 11} \quad \frac{2\cdot 62}{7\cdot 13}$$

$$\frac{2\cdot 12}{2\cdot 3} \quad \frac{2\cdot 22}{3\cdot 5} \quad \frac{2\cdot 32}{4\cdot 7} \quad \frac{2\cdot 42}{5\cdot 9} \quad \frac{2\cdot 52}{6\cdot 11} \quad \frac{2\cdot 62}{7\cdot 13}$$

賢弘は，『綴術算経』では第一の規則性しか見つけられず，偶奇に分けてそれを述べている．また，『円理弧背術』という稿本があり，そこでは第二の規則性が与えられている．このことから，『円理弧背術』が『綴術算経』よりもあとに執筆されたことが推定できる．

『円理弧背術』は，筆写本として伝わっている．その一つには本田利明(ほんだ としあき)の署名が残っており，彼の筆で次の文言が書き込まれている．

　　是に於いて諸差の乗除率整う．以って，永久の至宝と為す．
　　関流後学最も重信すべきは，此の円理弧背の密法なり．

8.3.1 無限級数の発見（代数的方法）

『円理弧背術』では，別の方法で半背冪の無限級数展開 (8.14) を求めている．そこでの原理は，次の式である．

$$g_1(t) = \frac{1-\sqrt{1-t}}{2}, \quad g_n(t) = g_1(g_{n-1}(t)), \quad n = 1,2,3,\ldots$$

と置く．このとき，

$$\lim_{n\to\infty} 4^n g_n(t) = (\arcsin \sqrt{t})^2, \quad 0 \leq t \leq 1 \tag{8.15}$$

が成り立つ．

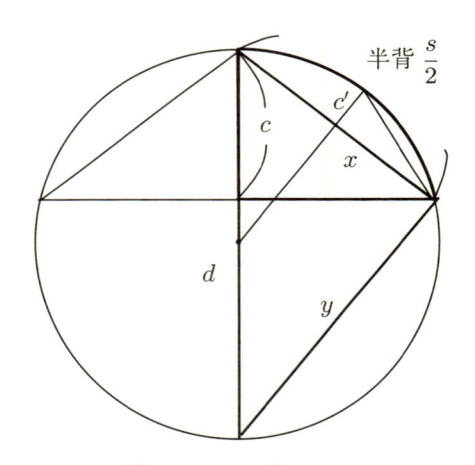

図 8.4 円理弧背術の図

図 8.4 を見ると，前述のように，$x:c=d:x$ より $x^2=cd$ が成り立つ．勾股弦の法（三平方の定理．東アジアでは『九章算術』より知られており，勾股弦の法と呼ばれていた）$x^2+y^2=d^2$ より，$y^2=d^2-cd$ が成り立つ．したがって，半背の矢 c' は $d/2-c'=y/2$ を満たすので，

$$c' = (d-\sqrt{d^2-cd})^2$$

で与えられる．

$$g(t) = \frac{1-\sqrt{1-t}}{2}$$

とすると，$c'/d = g(c/d)$ となるのである．

実際，$(s/2)^2$ の第 1 近似は cd である．$(s/2)^2$ の第 1 近似は $c'd$ である．ゆえに $(s/2)^2$ の第 2 近似は $4c'd = 4d^2g(c/d)$ である．

次に，$(s/2)^2$ の第 2 近似は $4c''d = 4d^2g(c'/d) = 4d^2g(g(c/d))$ である．ゆえに $(s/2)^2$ の第 3 近似は $4^2c''d = 4^2d^2g(c'/d) = 4^2d^2g(g(c/d))$ である．

したがって，
$$\lim_{n\to\infty} 4^n d^2 g_n(c/d) = \left(\frac{s}{2}\right)^2$$
となり，(8.15) が図形的に証明できた．

8.3.2　2項展開

$g(t) = \dfrac{1-\sqrt{1-t}}{2}$ の t によるテイラー展開は，$\sqrt{1-t} = (1-t)^{1/2}$ の展開（すなわち，2 項展開）より得られる．『円理弧背術』では，開平法の組立除法を用いて，次のようにして求めた．

$g(t)$ は
$$P(x) = -t + 4x - 4x^2 = 0$$
の根である．x と t が小さいときには，高次の項を無視すれば，$-4x + t \approx 0$ なので，$x_1 = x - \dfrac{t}{4}$ で展開してみる．

$$P_1(x_1) = P(x_1 + t/4) = -\frac{t^2}{4} + (4 - 2t)x_1 - 4x_1^2 = 0$$

x と t の高次の項を無視すれば，$P_1(x_1) = 0$ は $-\dfrac{t^2}{4} + 4x_1 \approx 0$ となるので，次に $x_2 = x_1 - \dfrac{t^2}{4 \cdot 4} = x - \dfrac{t}{4} - \dfrac{t^2}{16}$ で展開してみる．

$$P_2(x_2) = P_1(x_2 + t^2/16) = -\frac{t^3}{8} - \frac{t^4}{64} + \left(4 - 2t - \frac{t^2}{2}\right)x_2 - 4x_2^2 = 0$$

x と t の高次の項を無視すれば，$P_2(x_2) = 0$ は $-\dfrac{t^3}{8} + 4x_2 \approx 0$ となるので，次に $x_3 = x_2 - \dfrac{t^3}{8 \cdot 4}$ で展開してみる．

$$\begin{aligned}P_3(x_3) &= P_2(x_3 + t^4/32) \\ &= -\frac{5t^4}{64} - \frac{t^5}{64} - \frac{t^6}{256} + \left(4 - 2t - \frac{t^2}{2} - \frac{t^3}{4}\right)x_3 - 4x_3^2 = 0\end{aligned}$$

x と t の高次の項を無視すれば，$P_3(x_3) = 0$ は $-\dfrac{5t^4}{64} + 4x_3 \approx 0$ となるので，次に $x_4 = x_3 - \dfrac{5t^4}{64 \cdot 4}$ で展開してみる．

$$\begin{aligned}
P_4(x_4) &= P_3(x_4 + 5t^4/256) \\
&= -\frac{7t^5}{128} - \frac{7t^6}{512} - \frac{5t^7}{1024} - \frac{25t^8}{16384} \\
&\quad + \left(4 - 2t - \frac{t^2}{2} - \frac{t^3}{4} - \frac{5t^4}{32}\right)x_4 - 4x_4^2 = 0
\end{aligned}$$

x と t の高次の項を無視すれば，$P_4(x_4) = 0$ は $-\dfrac{7t^4}{128} + 4x_4 \approx 0$ となるので，次に $x_5 = x_4 - \dfrac{7t^5}{128 \cdot 4}$ で展開してみる．

$$\begin{aligned}
P_5(x_5) &= P_4(x_5 + 7t^5/512) \\
&= -\frac{21t^6}{512} - \frac{3t^7}{256} - \frac{81t^8}{16384} - \frac{35t^9}{16384} - \frac{49t^{10}}{65536} \\
&\quad + \left(4 - 2t - \frac{t^2}{2} - \frac{t^3}{4} - \frac{5t^4}{32} - \frac{7t^5}{64}\right)x_5 - 4x_5^2 = 0
\end{aligned}$$

このようにして $g(t)$ のテイラー展開がいくらでも求められる．

$$g(t) = \frac{t}{4} + \frac{t^2}{16} + \frac{t^3}{32} + \frac{5t^4}{256} + \frac{7t^5}{512} + \cdots \tag{8.16}$$

『円理弧背術』では，これらの項を頭から，甲元数，甲一差，甲二差，甲三差，甲四差といった．

$$4g(t) = t + \frac{t^2}{4} + \frac{t^3}{8} + \frac{5t^4}{64} + \frac{7t^5}{128} + \cdots$$

である．

8.3.3 繰り返し

『円理弧背術』では，繰り返しが簡単になるように，2次方程式

$$Q(y) = -g(t) + 4y - 4y^2 = 0$$

と，$g(t)$ の展開式 (8.16) を用いて，$g(g(t))$ の展開を求める．すなわち，

$$Q(y) = -\frac{t}{4} - \frac{t^2}{16} - \frac{t^3}{32} - \frac{5t^4}{256} - \frac{7t^5}{512} - \frac{21t^6}{2048} + 4y - 4y^2 = 0$$

8.3 無限級数展開の代数的な求め方　141

と置く.

x と t の高次の項を無視すれば, $Q(y) = 0$ は $-t/4 + 4y \approx 0$ となるので, $y_1 = y - \dfrac{t}{4 \cdot 4}$ で展開してみる.

$$Q_1(y_1) = Q(y_1 + t/(4 \cdot 4))$$
$$= -\frac{5t^2}{64} - \frac{t^3}{32} - \frac{5t^4}{256} - \frac{7t^5}{512} - \frac{21t^6}{2048} + \left(4 - \frac{t}{2}\right)y_1 - 4y_1^2 = 0$$

x と t の高次の項を無視すれば, $Q_1(y_1) = 0$ は $-\dfrac{5t2}{64} + 4y_1 \approx 0$ となるので, $y_2 = y_1 - \dfrac{5t^2}{64 \cdot 4}$ で展開してみる.

$$Q_2(y_2) = Q_1(y_2 + 5t^2/(64 \cdot 4))$$
$$= -\frac{21t^3}{512} - \frac{345t^4}{16384} - \frac{7t^5}{512} - \frac{21t^6}{2048} + \left(4 - \frac{t}{2} - \frac{5t^2}{32}\right)y_2 - 4y_2^2 = 0$$

x と t の高次の項を無視すれば, $Q_2(y_2) = 0$ は $-\dfrac{21t^3}{512} + 4y_2 \approx 0$ となるので, $y_3 = y_2 - \dfrac{21t^3}{512 \cdot 4}$ で展開してみる.

$$Q_3(y_3) = Q_2(y_3 + 21t^3/(512 \cdot 4))$$
$$= -\frac{429t^4}{16384} - \frac{1001t^5}{65536} - \frac{11193t^6}{1048576}$$
$$+ \left(4 - \frac{t}{2} - \frac{5t^2}{32} - \frac{21t^3}{256}\right)y_3 - 4y_3^2 = 0$$

x と t の高次の項を無視すれば, $Q_3(y_3) = 0$ は $-\dfrac{429t^4}{16384} + 4y_3 \approx 0$ となるので, $y_4 = y_3 - \dfrac{429t^4}{16384 \cdot 4}$ で展開してみる.

$$Q_4(y_4) = Q_3(y_4 + 429t^4/(16384 \cdot 4))$$
$$= -\frac{2431t^5}{131072} - \frac{24531t^6}{2097152} - \frac{9009t^7}{16777216} - \frac{184041t^8}{1073741824}$$
$$+ \left(4 - \frac{t}{2} - \frac{5t^2}{32} - \frac{21t^3}{256} - \frac{429t^4}{8192}\right)y_4 - 4y_4^2 = 0$$

142　第 8 章　無限級数の発見

x と t の高次の項を無視すれば，$Q_4(y_4) = 0$ は $-\dfrac{2431t^5}{131072} + 4y_4 \approx 0$ となるので，$y_5 = y_4 - \dfrac{2431t^5}{131072 \cdot 4}$ で展開してみる．

$$Q_5(y_5) = Q_4(y_5 + 2431t^5/(131072 \cdot 4))$$
$$= -\frac{29393t^6}{2097152} - \frac{5291t^7}{4194304} - \frac{592449t^8}{1073741824}$$
$$- \frac{1042899t^9}{4294967296} - \frac{5909761t^{10}}{68719476736}$$
$$+ \left(4 - \frac{t}{2} - \frac{5t^2}{32} - \frac{21t^3}{256} - \frac{429t^4}{8192} - \frac{2431t^5}{65536}\right)y_5 - 4y_5^2 = 0$$

ゆえに，乙矢は

$$g(g(t)) = \frac{t}{16} + \frac{5t^2}{256} + \frac{21t^3}{2048} + \frac{429t^4}{65536} + \cdots$$

で与えられる．ここで，各項を始めより，乙元数，乙一差，乙二差，乙三差，乙四差という．

$$16g(g(t)) = t + \frac{5t^2}{16} + \frac{21t^3}{128} + \frac{429t^4}{4096} + \cdots$$

である．

8.3.4　極限移行

$$\begin{aligned}
甲矢 \quad & g_1(t) = g(t) \\
乙矢 \quad & g_2(t) = g(g(t)) \\
丙矢 \quad & g_3(t) = g(g(g(t))) \\
丁矢 \quad & g_4(t) = g(g(g(g(t)))) \\
戊矢 \quad & g_5(t) = g(g(g(g(g(t))))) \\
己矢 \quad & g_6(t) = g(g(g(g(g(g(t)))))) \\
庚矢 \quad & g_7(t) = g(g(g(g(g(g(g(t))))))) \\
辛矢 \quad & g_8(t) = g(g(g(g(g(g(g(g(t)))))))) \\
壬矢 \quad & g_9(t) = g(g(g(g(g(g(g(g(g(t))))))))) \\
癸矢 \quad & g_{10}(t) = g(g(g(g(g(g(g(g(g(g(t))))))))))
\end{aligned}$$

『円理弧背術』では，丙矢以下を求めるとき，「組立除法」を用いない．甲矢の展開より，乙矢の展開を求めるときの規則を書き出してみる．乙元数は，

8.3 無限級数展開の代数的な求め方 143

甲元数を4で割れば良い．乙一差は，甲元数と甲一差を組み合わせれば良い．乙二差は，甲元数，甲一差，甲二差を組み合わせれば良い，など．それを乙矢の展開に適用するのである．

『円理弧背術』では，甲矢，乙矢，丙矢，…，癸矢について t^{11} の項（十差）まで計算する．

$$4g_1(t) = t + \frac{t^2}{4} + \frac{t^3}{8} + \frac{5t^4}{64} + \frac{7t^5}{128} + \cdots$$

$$4^2 g_2(t) = t + \frac{5t^2}{16} + \frac{21t^3}{128} + \frac{429t^4}{4096} + \frac{2431t^5}{32768} + \cdots$$

$$4^3 g_3(t) = t + \frac{21t^2}{64} + \frac{357t^3}{2048} + \frac{29325t^4}{262144} + \frac{666655t^5}{8388608} + \cdots$$

$$4^4 g_4(t) = t + \frac{85t^2}{256} + \frac{5797t^3}{32768} + \frac{1907213t^4}{16777216} + \frac{173556383t^5}{2147483648} + \cdots$$

$$4^5 g_5(t) = t + \frac{341t^2}{1024} + \frac{93093t^3}{524288} + \frac{122550285t^4}{1073741824} + \frac{44616473759t^5}{549755813888} + \cdots$$

この展開式を見て，『円理弧背術』ではまず係数の数値計算する．t^2 の係数

$$1/4, \quad 5/16, \quad 21/64, \quad 85/256, \quad 341/1024$$

を小数化してみると次のようになる．

$$0.25, \quad 0.3125, \quad 0.328125, \quad 0.332031, \quad 0.333008$$

これより極限の $f(t)$ の t^2 の係数は $\frac{1}{3}$ であることがわかる．

次に，t^3 の係数と t^2 の係数の比

$$\frac{1/8}{1/4}, \quad \frac{21/128}{5/16}, \quad \frac{357/2048}{21/64}, \quad \frac{5797/32768}{85/256}, \quad \frac{93093/524288}{341/1024}$$

を次のように数値計算する．

$$0.5, \quad 0.525, \quad 0.53125, \quad 0.532813, \quad 0.533203$$

今，$8/15 = 0.533333$ であるので，$f(t)$ の t^3 の係数は，$\frac{1}{3} \times \frac{8}{15}$ であることがわかる．

これを繰り返して，『円理弧背術』では半背冪の無限級数式 (8.14) を求めたのである．

第9章 幾何の代数化

これまでは，賢弘の業績のうちでもっとも重要な円周率と円弧長の計算を中心に見てきたが，賢弘は『研幾算法』において，平面幾何の問題を多数解いている．江戸時代の数学者で，平面幾何の問題を解いたことのない数学者は皆無であった．修学時代にはもちろんのこと，専門家として名を馳せたあとでも取り組んでいることが多く見られる．平面幾何は，当時の数学者にとって大事な分野であった．賢弘ももちろん例外ではないが，賢弘の場合は若い頃に限られている．

ここでは『研幾算法』から少し紹介しよう．すでに述べたように，『研幾算法』の問題そのものは賢弘の自作ではないから，問題の構成を論ずることは賢弘の数学とは直接の関係がない．そこで，ここでは3問を紹介する．

9.1 第9問

まず，第9問をとりあげる（図 9.1）．原文は次のように書かれている．

> 今，勾股の内に方あり．只云う，股冪，勾，方面，三和して若干．又云う，弦若干．勾，股，方面，各幾何と問う．
>
> ○答えて曰く，勾を得る術に曰く，天元の一を立て勾となす．これを自して得る数，もって弦冪を減じて，余り，股冪となす．勾に加入して共に得る数，もって只云数を減じて，余り，方面となす．勾をもって相乗じて，勾と方面との差に因る股となす，之を自して，勾と方面との差冪に因る股冪となす．左に寄せる．
>
> ○勾を列し，内，方面を減じて，余り，之を自して，股冪を以て相乗じて得る数を左に寄せたると相消して開法の式を得て，五乗の方の

146　第 9 章　幾何の代数化

図 9.1　建部賢弘『研幾算法』（東北大学岡本刊 048，11 丁裏～12 丁表）第 9 問部分.

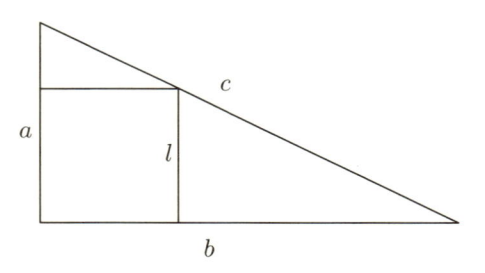

図 9.2　『研幾算法』第 9 問の図

翻法に之を開き，勾を得る．前術を推して，股，方面を得て，各，問に合す．

図 9.2 において

$$\Phi = b^2 + a + l,$$
$$\Psi = c$$

が与えられているとき，勾 a，股 b，正方形の一辺 l を求める問題である．

賢弘の術は次のように書かれている（現代語訳しておく）．

○ a を求めることにする．$c^2 - a^2 = b^2$ である．$\Phi - (b^2 + a) = l$ である．$al = (a-l)b$ である．これを 2 乗して $(al)^2 = (a-l)^2 b^2$．（この左辺を a で表したものを）左に寄せる．

○ $(a-l)^2 b^2$（を a で表したもの）で左に寄せたものを相消して，方程式を得て，5 乗方の翻法でこれを解いて，a を得る．前述のように股 b，一辺 l を得て，それぞれ問の条件を満たす．

この術の最初の式は三平方の公式であるが，b^2 が a で表されていることを示す式である．すなわち，

$$b^2 = \Psi - a^2.$$

また，2 番目は条件より得られる式であるが，b^2 が a で表されていることより，l が a で表されることを示している．すなわち，

$$l = \Phi - \Psi.$$

3 番目の式は

$$al = ab - bl = (a-l)b$$

として得られたものであろう．この両辺を 2 乗すると，

$$a^2 l^2 = (a-l)^2 b^2$$

となる．ここに，上の b^2 と l を代入すれば，a に関する 6 次方程式が得られる．

ところで，上の術文中の「左に寄せる」という個所はわかりにくいかもしれない．また，その後の「相消す」式の部分も，前と重複しているように見えるだろう．なぜそういうことになってしまったかというと，それはもともと傍書法を前提として書かれた文章を現代の等式で表現しているからである．実は，これらの等式の左辺は傍書法による式を計算する手順を示したものなのである．このような解答（術）の書き方は当時の数学書においては必然であり，典型的な書き方である．わたしたちが当時の数学書を読むときに感ずる困難さはこの点にある．そこで，参考のために，実際に傍書法風に書いておく．傍書法では注目している量 (a) を表示しないが，上から下に向かって

順に，定数項，a の係数，a^2 の係数，というように昇冪の順に書くのが普通である．ここでもそのように a について整理してある．

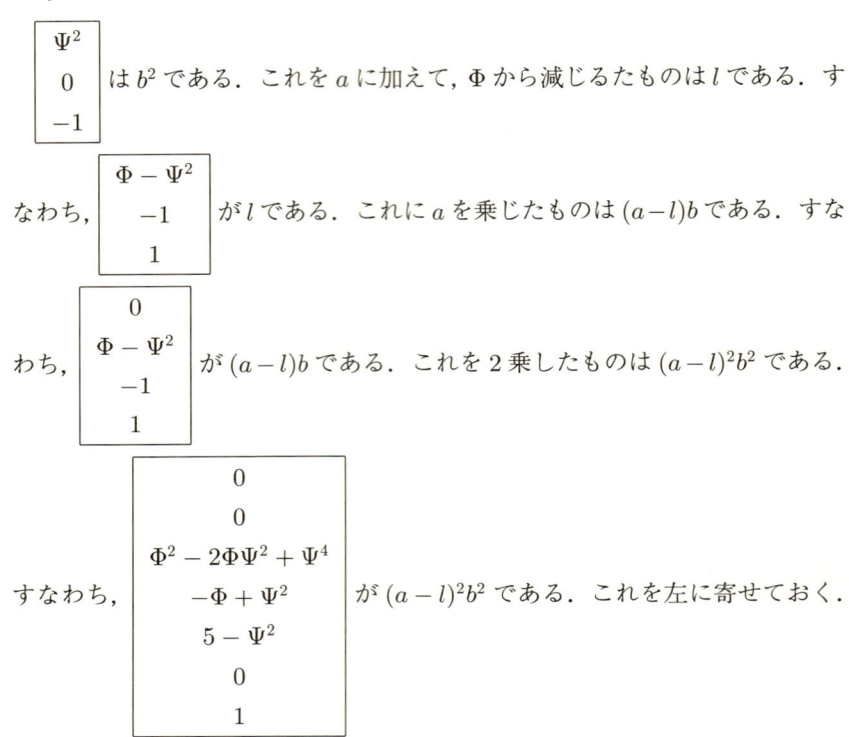

$\begin{pmatrix} \Psi^2 \\ 0 \\ -1 \end{pmatrix}$ は b^2 である．これを a に加えて，Φ から減じるものは l である．すなわち，$\begin{pmatrix} \Phi - \Psi^2 \\ -1 \\ 1 \end{pmatrix}$ が l である．これに a を乗じたものは $(a-l)b$ である．すなわち，$\begin{pmatrix} 0 \\ \Phi - \Psi^2 \\ -1 \\ 1 \end{pmatrix}$ が $(a-l)b$ である．これを 2 乗したものは $(a-l)^2 b^2$ である．

すなわち，$\begin{pmatrix} 0 \\ 0 \\ \Phi^2 - 2\Phi\Psi^2 + \Psi^4 \\ -\Phi + \Psi^2 \\ 5 - \Psi^2 \\ 0 \\ 1 \end{pmatrix}$ が $(a-l)^2 b^2$ である．これを左に寄せておく．

一方，$a-l$ は $\begin{pmatrix} -\Phi + \Psi^2 \\ 2 \\ -1 \end{pmatrix}$ である．したがって $(a-l)^2$ は $\begin{pmatrix} 16 - 8\Psi^2 + \Psi^4 \\ -16 + 4\Psi^2 \\ 12 - 2\Psi^2 \\ -4 \\ 1 \end{pmatrix}$

である．したがって，$(a-l)^2 b^2$ は

$$\begin{array}{c} 16\Phi^2 - 8\Psi^2\Phi^2 + \Psi^4\Phi^2 \\ -16\Phi^2 + 4\Psi^2\Phi^2 \\ 12\Phi^2 - 2\Psi^2\Phi^2 - 16 + 8\Psi^2 + \Psi^4 \\ -4a^3\Phi^2 + 16 - 4\Psi^2 \\ \Phi^2 - 12 + 2\Psi^2 \\ -4 \\ 1 \end{array}$$

．これを左に寄せたものと等しいとすると，

$$\begin{array}{c} 16\Phi^2 - 8\Psi^2\Phi^2 + \Psi^4\Phi^2 \\ -16\Phi^2 + 4\Psi^2\Phi^2 \\ 11\Phi^2 - 2\Psi^2\Phi^2 + 2\Phi\Psi^2 - 16 + 8\Psi^2 \\ -4a^3\Phi^2 + \Phi + 16 - 5\Psi^2 \\ \Phi^2 - 17 + 3\Psi^2 \\ -4 \end{array}$$

となる．

このように書くと，たしかに「左に寄せる」とか「左と相消す」という感じがよくつかめるであろう．しかし，このような書き方は原文にかなり忠実ではあるが，煩雑である．そこで，「実際にはこのようだった」という前提で，上に述べたように等式表現を用いて書いたのである．以下もそのようなものだと思って読んでほしい．

9.2 第6問

次に第6問をとりあげる（図9.3と図9.4）．ここでは未知数の消去の仕方に注目してほしい．

原文を読み下すと次のようになる（適当に段落を整えた）．

> 今，勾股の内に円あり．只云う，短弦と円径と和して若干．又云う，勾，股，長弦冪三和して若干．勾，股，長弦，短弦，円径，各幾何と問う．
>
> ○答えて曰く，勾を得る術に曰く，天元の一を立て勾となす．もって先に云う数を減じて，余りを甲位に寄せる．○又云う数を列し，内，先に云う数を減じて，余りを乙位に寄せる．○勾を列し，之を自して

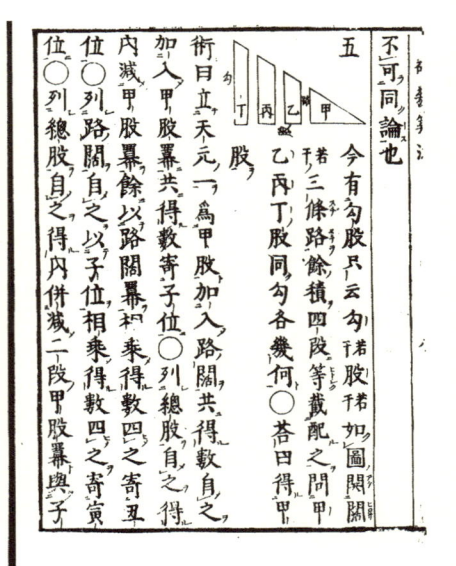

図 9.3 建部賢弘『研幾算法』（東北大学岡本刊 048, 8 丁裏～9 丁表）第 5 問と第 6 問の前半部分.

　　　　得る内，甲位羃五段を減じて，余りを丙位に寄せる．〇甲位を再び自
　　　　乗四段，甲位，乙位相乗二段，甲位二段，丙位一段，右四位相併せ，共
　　　　に得る数を丁位に寄せる．〇甲位三乗羃，丁位相乗一段，甲位再乗羃，
　　　　乙位，丁位相乗四段，甲位，乙位羃，丁位相乗二段，右三位相併せ，共
　　　　に得る数を左に寄せる．
　　　　　〇甲位，乙位相乗二段，乙位，丙位相乗一段，右二位相併せ，共に得
　　　　る内，甲位三たび自乗一段を減じ，余り，之を自して得る数を左に寄
　　　　せたると相消して開法の式を得て，七乗の方の飜法にこれを開き，勾
　　　　を得る．前術を推して，股，長弦，短弦，円径を得て，各，問に合す．

　　以下，勾を a，弧を b，短弦を d，長弦を e，円径（直径）を r とする．こ
こで短弦，長弦とは，直角の頂点から斜辺に下ろした垂線で斜辺を分割した
ときの短い部分，長い部分のことである．

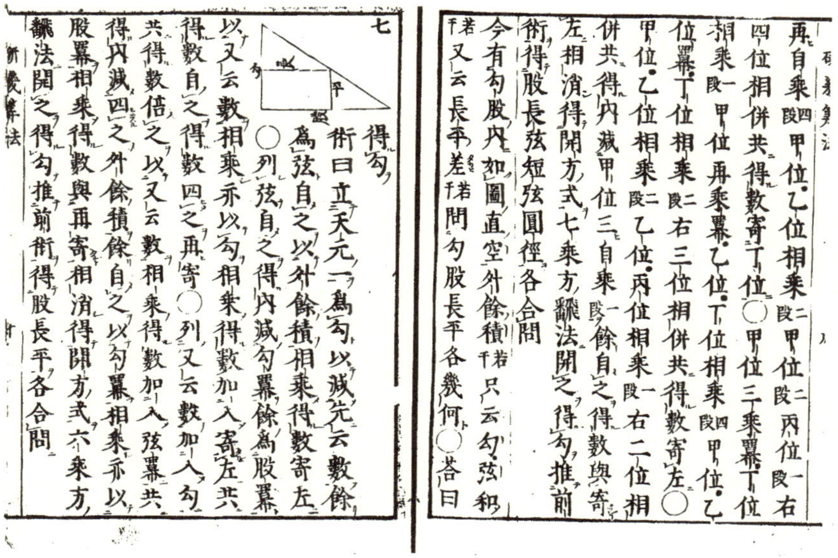

再自乘四段甲位乙位相乘二段甲位二段丙位一段右
四位相併共得數寄丁位○甲位三乘冪丁位
相乘一段甲位再乘冪乙位丁位相乘四段甲位乙
位冪丁位相乘二段右三位相併共得數寄左○
甲位乙位相乘二段乙位丙位相乘一段右二位相
併共得內減甲位三自乘一段餘自之得數與寄
左相消得開方式七乘方飜法開之得勾推前
術得股長弦短弦圓徑各合問
今有勾股內如圖直空外餘積若干只云勾弦和
若干又云長平差若干問勾股長平各幾何○答曰

七
得勾
術曰立天元一為勾以減先云數餘
為弦自之以外餘積相乘得數寄左
○列弦自之得內減勾冪餘為股冪
以又云數相乘亦以勾相乘得數加入寄左共
得數自之得數四之再寄○列又云數加入勾
共得數倍之以又云數相乘得數加入弦冪共
得內減四之外餘積餘自之以勾冪相乘亦以
股冪相乘得數與再寄相消得開方式六乘方
飜法開之得勾推前術得股長平各合問

図 9.4　建部賢弘『研幾算法』(東北大学岡本刊 048，9 丁裏〜10 丁表) 第 6 問の後半部分．

直角三角形の中に円が内接しており，

$$\Phi = d + r \quad (\text{只云数，先云数と呼ばれる})$$

$$\Psi = a + b + e^2 \quad (\text{又云數と呼ばれる})$$

が与えられている．このとき，勾 a，股 b，長弦 e，短弦 d，円径 r を求めるのが問題である．

これに対して術文は次のように書かれている．

○ a を求めることにして，$\Phi - a$ を甲とする．
○ $\Psi - \Phi$ を乙とする．
○ $a^2 - 5$ 甲^2 を丙とする．
○ 4 甲^3 + 2 甲 × 乙 + 2 甲 + 丙 を丁とする．
○ 1 甲^4 × 丁 + 4 甲^3 × 乙 × 丁 + 2 甲 × 乙^2 × 丁 を左に寄せる．
○ (2 甲 × 乙 + 乙 × 丙 − 甲^4)^2 を左と相消して方程式が得られる．
これを 7 乗方の飜法で解いて，a を得る．

前述のように股，長弦，短弦，円径を得て，それぞれ問の条件を満たす．

さて，これだけでは術文の意味がよくわからないが，『研幾算法演段諺解』という本に書かれた本文の解説によれば，上の術は次のように考えられたものらしい．

最終的には a（勾）を求めるのだが，以下では a を既知のように扱い，e を未知数として，式をたてる．まず，
$$\Psi - e^2 = a + b.$$
また $r = a + b - c$ であるから，
$$\Phi + e = d + e + r = c + (a + b - c) = a + b.$$
したがって，
$$(\Psi - \Phi) - e - e^2 = 0.$$
ここで，$\phi - a = A$，$\Psi - \Phi = B$ と置く．したがって
$$B - e - e^2 = 0 \tag{9.1}$$
である．$\Phi + e = a + b$, したがって $b = A + e$ であるから，
$$c^2 = a^2 + b^2 = a^2 + (A+e)^2 = (A^2 + a^2) + 2Ae + e^2,$$
$$b^4 = c^2 e^2 = (A^2 + a^2)e^2 + 2Ae^3 + e^4.$$
また，
$$b^4 = (A+e)^4 = A^4 + 4A^3 e + 6A^2 e^2 + 4A e^3 + e^4.$$
この2式から，引き算して e^4 を消去すると，
$$-A^4 - 4A^3 e + Ce^2 - 2Ae^3 = 0. \tag{9.2}$$
ただし，$-5A^2 + a^2 = C$ と置いた．(9.1), (9.2) の2式から，e を消去して，a に関する式を導く．まず (9.1) $\times 2Ae - $ (9.2) をつくると
$$A^4 + (4A^3 + 2AB)e - (2A + C)e^2 = 0. \tag{9.3}$$

$-((9.1) \times (2A+C)) + (9.3)$ をつくると,

$$(A^4 - 2AB - BC) + (4A^3 + 2AB + C + 2A)e = 0.$$

$-(9.1) \times A^4 + (9.3) \times B$ をつくると,

$$(A^4 + 4A^3B + 2AB^2)e + (A^4 - 2AB - BC)e^2 = 0.$$

これから, $4A^3 + 2AB + C + 2A = D$ と置くと, e を消去した式として,

$$(A^4 + 4A^3B + 2AB^2)D - (A^4 - 2AB - BC)^2 = 0$$

が得られる．これは a に関する 8 次方程式となり，これを解いて a を得る．そして，順次 b, e, d, r が求められる．

9.3　第 5 問

最後に図 9.3 の前半にある問 5 も読んでおこう．問題は次の通りである．

> 今，勾股あり．只云う，勾若干，股若干．図の如く闊(ひろさ)若干の三條の路を開け，余りの積を四段に等しくこれを截(き)り配る．甲，乙，丙，丁の股，同じく勾幾何(いくばく)と問う．

これに対して

> 答えて曰く，勾股得る

とあって，答えを得るための方法が次のように述べられる（読みやすくするために，適当に段落を整えた．以下同様である）．

> 術に曰く．天元の一を立て，甲股となす．路の闊を加入して，共に得る数，これを自して，甲股冪に加入して，共に得る数を子位に寄す．
> ○総股を列し，これを自して得る内，甲股冪を減じて，余りに路の闊の冪もって相乗して得る数，これを四たびして，牛位に寄す．
> ○路の闊を列し，これを自して，子位をもって相乗して得る数，これを四たびして，寅位に寄す．

○総股を列し，これを自して得る内，二段の甲股冪と子位とを併せ減じて，余り，これを自して得る内，丑位と寅位を併せ減じて，余り，これを自して得る数を左に寄す．

○丑位を列し，寅位をもって相乗じて得る数，これを四たびして，左に寄せたると相消して，開方の式を得る．七乗方の龥法にこれを開き，甲股を得る．前術を推して，乙，丙，丁の股を得て，総勾股の報によって各の勾を得て，問に合す．

勾を Φ，股（総股）を Ψ，路の闊（幅）を w とし，甲，乙，丙，丁の股（底辺）をそれぞれ a, b, c, d とする．$\Psi = a+b+c+d+3w$ である．上の賢弘の解は，$(a+w)^2 + a^2$ を子，$4(\Psi^2 - a^2)w^2$ を丑，$4w^2 \times$ 子 を寅とするとき，

$$((\Psi^2 - (2a^2 + 子))^2 - (丑 + 寅))^2$$

を左に寄せて，$4\,丑 \times 寅$ を左と相消す，というものである．

これが正しいことは次のようにしてわかる．まず，甲，乙，丙，丁の面積はそれぞれ次のように計算される．ただし，これらの図形において，高さは底辺の一定倍，Φ/Ψ 倍になるので，底辺だけの計算にしてある．

$$甲の面積 : \frac{1}{2}a^2$$

$$乙の面積 : b\left(a + w + \frac{1}{2}b\right)$$

$$丙の面積 : c\left(a + b + 2w + \frac{1}{2}c\right)$$

$$丁の面積 : d\left(a + b + c + 3w + \frac{1}{2}dc\right)$$

条件よりこれらの面積は相等しい．そこで，

$$子 = (a+w)^2 + a^2$$
$$= (a+w)^2 + 2b\left(a+w+\frac{1}{2}b\right) = (a+b+x)^2,$$
$$\Psi^2 - a^2 = (a+b+c+d+3w)^2 - 2d\left(a+b+c+3w-\frac{1}{2}d+d\right)$$
$$= (a+b+c+3w)^2,$$

$$\Psi^2 - 2a^2 - 子 = (a+b+c+3w)^2 - (a+b+w)^2 - a^2$$
$$= (2a+2b+c+4w)(c+2w) - 2c\left(a+b+2w+\frac{1}{2}c\right)$$
$$= 2w((a+b+w) + (a+b+c+3w))$$

である. よって,

$$(\Psi^2 - (2a^2 + 子))^2 - (丑 + 寅)$$
$$= (2w((a+b+w) + (a+b+c+3w)))^2 - 4w^2((\Psi^2 - a^2) + 子)$$
$$= 4w^2((a+b+w)^2 + (a+b+c+3w)^2$$
$$\qquad + 2(a+b+w)(a+b+c+3w))$$
$$\qquad - 4w^2((a+b+3w)^2 + (a+b+c+w)^2)$$
$$= 2 \cdot 4w^2(a+b+w)(a+b+c+3w).$$

したがって, この 2 乗は $4 丑 \times 寅$ に等しい.

第10章 魔方陣

　魔方陣というのは 1 から n^2 までの自然数を正方形状に並べ，各行，各列，二つの対角線上の数の和をすべて等しくしたものである．魔方陣の研究は江戸時代を通じて盛んに行われ，賢弘もその作成法を述べている．本章では江戸時代に著された魔方陣に関する書物を一覧してから，賢弘の方法を紹介しよう．

10.1　魔方陣研究の歴史

　江戸時代の数学の基礎は中国の二つの数学書，すなわち朱世傑の『算学啓蒙』(1299) と程大位の『算法統宗』(1593) にあったことは，第1章，第3章で述べた通りである．江戸時代の初期の数学者はこの二書を精読し，そこに書かれている問題についてはどの分野にも関わらず，熱心に研究した．魔法陣の研究もそのようにして始まったのである．というのも，『算法統宗』の中に魔方陣が書かれていたからである．『算法統宗』には，第3次から第10次までの魔方陣が記されている．また，関が学んだ中国の数学書の一つ，宋の楊輝の『楊輝算法』にも第10次までの魔方陣が記されている．
　こうして，中国の数学書を契機として，日本においても魔方陣の研究は盛んになった．今，その主なものを列挙してみると次のようになる．

1. 礒村吉徳『算法闕疑抄』（万治元 (1660) 年）
2. 村松茂清『算俎』（寛文 3 (1663) 年）
3. 佐藤正興『算法根源記』（寛文 6 (1666) 年）
4. 星野実宣『股勾弦鈔』（寛文 12 (1672) 年）
5. 関孝和『方陣之法・円攢之法』（天和 3 (1683) 年）

6. 安藤有益『奇遇方数』（元禄 8 (1695) 年）
7. 田中由真『洛書亀鑑』（天和 3 (1683) 年）
8. 鈴木重次『算法重宝記』（元禄 7 (1694) 年）
9. 建部賢弘『方陣新術』
10. 松永良弼『方陣新術』
11. 久留島義太『久氏遺稿』『久氏方陣』『立方陣』
12. 中根彦循『勘者御伽双紙』（寛保 3 (1743) 年）
13. 村井中漸『算法童子問』（天明 4 (1784) 年）
14. 村岡能一『方陣円陣解』
15. 『方陣元率』
16. 中田高寛『方陣諺解』
17. 『四方陣廉術』
18. 『本方陣探術又四方陣目子術案』
19. 山路主住『関率五方陣変数術路並数解』（明和 8 (1771) 年）
20. 『五方陣廉術』
21. 会田安明『方円陣術』『方陣変換之術』
22. 『四方陣変数』
23. 『方陣変換術』
24. 内田久命『方陣之法』（文政 8 (1825) 年）
25. 市川行英『合類算法』（天保 7 (1836) 年）
26. 御粥安本『算法浅問抄』（天保 11 (1840) 年）
27. 藤川春龍『方陣円攢之法解』（小松鈍斎の方陣）
28. 佐藤元龍『算法方陣円陣術』
29. 荻原禎助『机前玉屑』

このように魔方陣の研究は，江戸初期から明治に至るまで盛んに研究されたのである．初期の頃には，実際に魔方陣を作って示すことが課題であった．実際作られた魔方陣が正しいかどうかは簡単に確認できる．礒村吉徳の『算法闕疑抄』には第 3 次より第 10 次まで，村松茂清の『算俎』には第 3 次，第 4 次，第 9 次，第 19 次，佐藤正興の『算法根源記』には第 19 次，星野実宣の『股勾弦鈔』には第 20 次の魔方陣がそれぞれ記されている．しかし，次第に結果そのものよりも，魔方陣の作り方に重点が置かれるようになった．その

最初が関孝和である．関は奇数次の魔方陣の作り方，単隅 ($2 \times (2n-1)$) 次，双隅 ($2 \times 2n$) 次の魔方陣の作り方を述べた．それ以降，種々の作成法が述べられることとなったのである．

ところで，今日魔方陣と呼ばれているものは江戸時代初期にはいろいろな呼び方があったが，関孝和が「方陣」という語を用いてからは徐々にこれに統一されていった．また，円陣というのはいくつかの同心円と中心からの放射線の交点に数値を配置し，同心円上，直線上の数値の和を等しくするものである．なお，久留島義太の立方陣というのは，数値を立方体状に配置したもので，これは日本における独自の問題設定であった．

10.2 建部賢弘の方陣

ここでは，入江脩敬の編纂と考えられている『一源括法』第 4 巻に含まれる「建部先生方陣新術」にしたがって，賢弘の方陣の作り方を詳解しよう．

3 方陣（3 行，3 列の方陣）の場合，まず，1 から 9 までの自然数を

$$\begin{array}{|ccc|} 1 & 2 & 3 \\ 4 & 5 & 6 \\ 7 & 8 & 9 \end{array}$$

と順に並べる（元隊という）．ここで，行，列，対角の和をいくつにすれば良いのか考えてみると，たとえば各行とも同じ値になるためには，各行が

$$\frac{1+2+3+\cdots+9}{3} = 15$$

となっていなければならない．一般に n 次（n 行，n 列）方陣の場合は，行，列，対角の和が

$$(1+2+3+\cdots+n^2) \times \frac{1}{n} = \frac{n(n^2+1)}{2}$$

でなくてはならない．

さて，上の初期配置から行，列，対角の和がすべて 15 となるように数を入

れ替えるのだが，その前に行，横，対角の和を書き出してみよう．

$$
\begin{array}{|ccc|l}
\hline
 & & & 15 \\
1 & 2 & 3 & 6 \\
4 & 5 & 6 & 15 \\
7 & 8 & 9 & 24 \\
\hline
12 & 15 & 18 & 15
\end{array}
$$

これを見ると，中央の行，中央の列，対角はすでにちょうど 15 になっていることがわかる．このことは一般に成り立つことである．実際，

$$
\begin{array}{|cccccc|}
\hline
1 & 2 & 3 & \cdots & n \\
n+1 & n+2 & n+3 & \cdots & 2n \\
2n+1 & 2n+2 & 2n+3 & \cdots & 3n \\
\vdots & \vdots & \vdots & \ddots & \vdots \\
(n-1)n+1 & (n-1)n+2 & (n-1)n+3 & \cdots & n^2 \\
\hline
\end{array}
$$

の右下がりの対角上の数の和は

$$1 + (n+2) + (2n+3) + \cdots + ((n-1)n + n)$$
$$= \frac{n(n+1)}{2} + \frac{n(n-1)n}{2} = \frac{n(n^2+1)}{2}$$

であり，右上がりの対角上の数の和も

$$n + (n + (n-1)) + (2n + (n-2)) + \cdots + ((n-1)n + 1)$$
$$= \frac{n(n+1)}{2} + \frac{n(n-1)n}{2} = \frac{n(n^2+1)}{2}$$

である．さらに，n が奇数の場合，中央の行，中央の列にある数の和もすでに魔方陣の条件を満たしている．実際，$n = 2k+1$ とすると，真ん中の第 $k+1$ 行目は

$$kn+1,\ kn+2,\ kn+3,\ \ldots,\ kn+n,$$

であり，真ん中の第 $k+1$ 列は

$$(k+1),\ n+(k+1),\ 2n+(k+1),\ \ldots,\ (n-1)n+(k+1)$$

であるから，いずれもその和は $\dfrac{n(n^2+1)}{2}$ に等しい．

もちろん賢弘はこれらのことを一般に証明したのではなく，多くの例を計算して帰納的に確信したのに違いない．

さて，3次の方陣にもどって，各行，各列の和をよく見ると，第1行は15に9足りず，第3行は9多いことがわかる．すでに15になっている第2行，第2列，斜めの和を変えずに入れ替えられるのは真ん中の列にある2と8だけであるが，この二つの数を入れ替えても第1行，第3行を15にすることができない．

そこで，いったん，行，列，対角の数を同時に時計と反対回りに45度回転させてみる（この操作を換隊という）．そうすると，

$$
\begin{array}{ccc|c}
 & & & 15 \\
\hline
2 & 3 & 6 & 11 \\
1 & 5 & 9 & 15 \\
4 & 7 & 8 & 19 \\
\hline
7 & 15 & 23 & 15
\end{array}
$$

が得られる．ここで第1行の和は15に4足りず，第3行の和は15よりも4多い．そして第2列の3と7の差がちょうど4であるから，この二つの数を入れ替えれば第1行と第3行がともに15になり，ほかの和は全く変化しない（このような操作を対換という）．この結果，

$$
\begin{array}{ccc|c}
 & & & 15 \\
\hline
2 & 7 & 6 & 15 \\
1 & 5 & 9 & 15 \\
4 & 3 & 8 & 15 \\
\hline
7 & 15 & 23 & 15
\end{array}
$$

が得られる．次に列の和を見ると，第1列の和は15よりも8少なく，第3列の和は15よりも8大きい．そして第2行の1と9を入れ替えれば，どの列も

15 になって，しかもほかの和は全く変化しないことがわかる．こうして方陣

```
              15
    ┌─────────┐
    │ 2  7  6 │ 15
    │ 9  5  1 │ 15
    │ 4  3  8 │ 15
    └─────────┘
     15 15 15 15
```

が完成した．

第 4 次の方陣（和は 34）の場合も，1 から 16 を順に並べた

```
              34
    ┌──────────────┐
    │  1  2  3  4  │ 10  −24
    │  5  6  7  8  │ 26   −8
    │  9 10 11 12  │ 42   +8
    │ 13 14 15 16  │ 58  +24
    └──────────────┘
      28 32 36 40   34
      −6 −2 +2 +6
```

から始める（この図には和のほかに，34 との差も付記した）．今度は縦，横，斜めの和を 34 にしなければならない．まず第 1 行に注目して，二つの対角上の両端の数をそれぞれ入れ替えると，$(13+16) - (1+4) = 24$ であるから，第 1 行と第 4 行の和がどちらも 34 となる．このとき，第 1 列と第 4 列も，$(4+16) - (1+13) = 6$ であるから，ちょうど和が 34 となる．こうして，

```
              34
    ┌──────────────┐
    │ 16  2  3 13  │ 34
    │  5  6  7  8  │ 26  −8
    │  9 10 11 12  │ 42  +8
    │  4 14 15  1  │ 34
    └──────────────┘
      34 32 36 34   34
         −2 +2
```

が得られる．同様に，中央の 6 と 11, 7 と 10 を入れ替えれば，$(10+11) - (6+7) = 8$, $(7+11) - (6+10) = 2$ であるから，第 2 行，第 3 行，第 2 列，第 3 列の和が同時に 34 になることがわかる．

10.2 建部賢弘の方陣

以上の操作をまとめれば，つまり最初の配列の対角上の数をそれぞれ逆に並び替えたことになる（これを変隊という）．

こうして4方陣

$$
\begin{array}{|cccc|c}
\multicolumn{4}{c}{} & 34 \\
\hline
16 & 2 & 3 & 13 & 34 \\
5 & 11 & 10 & 8 & 34 \\
9 & 7 & 6 & 12 & 34 \\
4 & 14 & 15 & 1 & 34 \\
\hline
34 & 34 & 34 & 34 &
\end{array}
$$

が完成した．

第5次の方陣（和は65）は3方陣と同様にする．まず，中央の行，中央の列，対角の数を45度回転する（換隊）．この操作の結果，

$$
\begin{array}{|ccccc|c}
\multicolumn{5}{c}{} & 65 \\
\hline
1 & 2 & 3 & 4 & 5 & 15 \\
6 & 7 & 8 & 9 & 10 & 40 \\
11 & 12 & 13 & 14 & 15 & 65 \\
16 & 17 & 18 & 19 & 20 & 90 \\
21 & 22 & 23 & 24 & 25 & 115 \\
\hline
55 & 115 & 65 & 70 & 75 & 65
\end{array}
\rightarrow
\begin{array}{ccccc|cc}
\multicolumn{5}{c}{} & 65 & \\
3 & 2 & 5 & 4 & 15 & 29 & -36 \\
6 & 8 & 9 & 14 & 10 & 47 & -18 \\
1 & 7 & 13 & 19 & 25 & 65 & \\
16 & 12 & 17 & 18 & 20 & 83 & +18 \\
11 & 22 & 21 & 24 & 23 & 101 & +36 \\
\hline
37 & 51 & 65 & 79 & 93 & 65 & \\
-28 & -14 & & +14 & +28 & &
\end{array}
$$

が得られる．しかしまだ各行，各列の過不足が大きいから，中央の行，中央の列の順序を逆転する（変隊）．そうすると

$$
\begin{array}{|ccccc|cc}
\multicolumn{5}{c}{} & 65 & \\
\hline
3 & 2 & 21 & 4 & 15 & 29 & -20 \\
6 & 8 & 17 & 14 & 10 & 47 & -10 \\
25 & 19 & 13 & 7 & 1 & 65 & \\
16 & 12 & 9 & 18 & 20 & 83 & +10 \\
11 & 22 & 5 & 24 & 23 & 85 & +20 \\
\hline
37 & 63 & 65 & 67 & 69 & 65 & \\
-4 & -2 & & +2 & +4 & &
\end{array}
$$

が得られる．ここで，過不足と対角上の数をよく観察すると，対角上の数値

を 90 度回転すると過不足が一気に相殺されることがわかる．

```
                          65
           ┌─────────────┐
           │15  2 21  4 23│65
           │ 6 14 17 18 10│65
           │25 19 13  7  1│65
           │16  8  9 12 20│65
           │ 3 22  5 24 11│65
           └─────────────┘
            65 65 65 65 65 65
```

こうして 5 方陣が完成した．

　第 6 次の方陣（和は 111）は第 4 次の方陣と同様にまず対角上の数の逆転をする（変隊）．

```
┌─────────────────┐     ┌─────────────────┐
│ 1  2  3  4  5  6│     │36  2  3  4  5 31│−30
│ 7  8  9 10 11 12│     │ 7 29  9 10 26 12│−18
│13 14 15 16 17 18│  →  │13 14 22 21 17 18│ −6
│19 20 21 22 23 24│     │19 20 16 15 23 24│ +6
│25 26 27 28 29 30│     │25 11 27 28  8 30│+18
│31 32 33 34 35 36│     │ 6 32 33 34 35  1│+30
└─────────────────┘     └─────────────────┘
                         −5 −3 −1 +1 +3 +5
```

第 1 行と第 6 行の過不足を相殺するために第 2 列目の 2 と 32 を交換する．また，第 2 行と第 5 行の過不足を相殺するために，第 3 列の 9 と 27 を交換する．また，第 3 行と第 4 行の過不足を相殺するために第 1 列の 13 と 19 を交換する（対換）．これらの操作は同一列内の交換だけだから，列の過不足には影響を与えない．

```
┌─────────────────┐
│36 32  3  4  5 31│
│ 7 29 27 10 26 12│
│19 14 22 21 17 18│
│13 20 16 15 23 24│
│25 11  9 28  8 30│
│ 6  2 33 34 35  1│
└─────────────────┘
 −5 −3 −1 +1 +3 +5
```

次に，第 3 列と第 4 列の過不足を相殺するために，第 1 行の 3 と 4 を交換する．また，第 1 列と第 6 列の過不足を相殺するために，第 2 行の 7 と 12 を交

換する．また，第2列と第5列の過不足を相殺するために第3行の14と17を交換する（対換）．こうして方陣

```
36 32  4  3  5 31
12 29 27 10 26  7
19 17 22 21 14 18
13 20 16 15 23 24
25 11  9 28  8 30
 6  2 33 34 35  1
```

が完成する．

第7次の方陣（和は175）の場合は第5次の方陣と同様に，(1) 中央の行，中央の列，対角上の数を45度回転し（換隊），(2) 中央の行，中央の列の順序を逆転し（変隊），(3) 対角を90度回転する（換隊）．その結果，

```
28  2  3 43  5  6 46  │ −42
 8 27 10 37 12 39 14  │ −28
15 16 26 31 32 20 21  │ −14
49 41 33 25 19  9  1
29 30 18 19 24 34 35  │ +14
36 11 38 13 40 23 42  │ +28
 4 44 45  7 47 48 22  │ +42
─────────────────────
−6 −4 −2    +2 +4 +6
```

が得られる．

ここで第3行と第5行の過不足を相殺するために第2列の16と30を交換する．また，第1行と第7行の過不足を相殺するために第3列の3と45を交換する．また，第2行と第6行の過不足を相殺するために第7列の14と42を交換する．こうして行の和はすべて175となる．列についても同様に，第2行の10と12，第5行29と35，第7行の44と48を交換すると列の和

もすべて 175 となる（対換）．こうして 7 方陣

28	2	45	43	5	6	46
8	27	112	37	10	39	42
15	30	26	31	32	20	21
49	41	33	25	19	9	1
35	16	18	19	24	34	29
36	11	38	13	40	23	14
4	48	3	7	47	44	22

が得られた．

このように，賢弘の方法というのは，偶数次の方陣は

1. 対角上の数を逆転し（変隊），
2. 対角上にある数以外の数で同一行内にある二数，または同一列内にある二数の交換（対換）

することによって行と列を和を調節して，方陣を完成し，奇数次の方陣は

1. 中央の行，中央の列，対角上の数を 45 度回転し（換隊），
2. 中央の行，中央の列の順序を逆転し（変隊），
3. 対角上数を 90 度回転し（換隊），
4. 対角上にある数以外の数で同一行内にある二数または同一列内にある二数の交換（対換）

することによって行と列を和を調節して，方陣を完成するというものである．

賢弘はこのようにして，第 10 次までの方陣を作成した．もちろん，この方法でつねに方陣が完成できるかどうか，賢弘は証明をしていないが，10 次までの方陣を作成することで，それが可能であると確信したに違いない．第 n 次の方陣から第 $n+1$ 次の方陣を作成するというような帰納法的な方法ではなく，経験的に帰納したのである．

第III部

建部賢弘の数学思想とその後

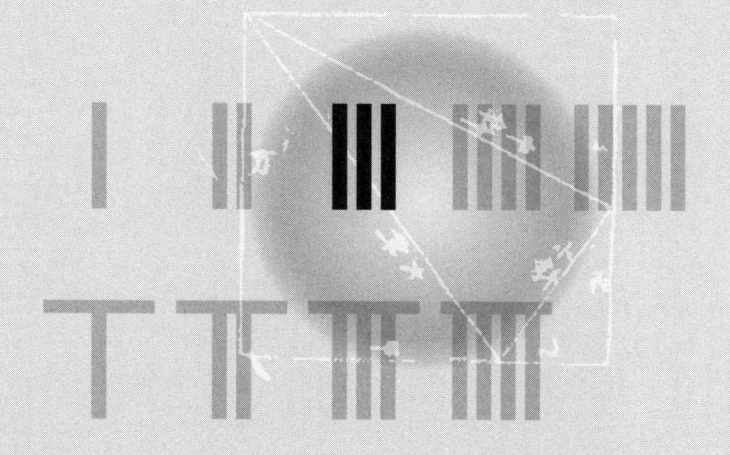

第11章 数学とは何か，数学者とは誰か

『綴術算経』と『不休建部先生綴術』には，賢弘の数学論，数学者論というような一文が最後に付されている．数学者がこのような文章を起草するのは珍しく，個人的な見解とはいえ価値がある．本章では，『綴術算経』に付された「自質の説」を読んでみたい．賢弘の得た達成感とともに，屈折した感情というようなものも伝わってくるであろう．本書は将軍吉宗に読まれることを意識したものとはいえ，ここには生き生きとした人間がある．

11.1 建部賢弘の時代の思潮

賢弘の生きた時代の思潮は儒学や老荘の思想，そして仏教であった．儒学というのは孔子（前551–前479）に始まる中国古代からの道徳説，政治説である．儒学は唐代以前には老荘思想や仏教思想と勢力を競っていたが，宋代に朱熹 (1130–1200) によって集大成されて以降は，清末まで中国思想の中心となった．朱熹によって集大成された儒学が新儒学，朱子学と呼ばれるものである．儒学は4世紀には日本にも伝わり，十七条憲法などにも影響を与えたが，その後は仏教思想が優位を占め，あまり発展はしなかった．ところが江戸時代になると，藤原惺窩（永禄 4 (1561) 年–元和 5 (1619) 年）が現れて以降，林羅山（天正 11 (1583) 年–明暦 3 (1657) 年），山鹿素行（元和 2 (1622) 年–貞享 2 (1685) 年），伊藤仁斎（寛永 4 (1627) 年–宝永 2 (1705) 年）ら多くの儒学者が輩出し儒学は目覚しく展開した．

中国では唐代以前は五経（『易経』，『書経』，『詩経』，『礼記』，『春秋』）が重視され，宋代以降は四書（『大学』，『中庸』，『論語』，『孟子』）が重視された．日本においてもこれらの書物はよく読まれたが，それに『老子』，『荘子』，『列子』などを加えたものが漢籍（中国の書物）で賢弘の視野に入っていた主な

書物だったと思われる．

　ところで，朱熹によれば，人間を含む万物の世界は「陰陽二気」の働きによってできているが，その働きの根拠（「太極」）として「理」というものがある（理気二元論）．理は個々のものに内在していてそれぞれの「性」と呼ばれる．この天然の性は善であるが，人間には一方，気のもたらす気質の性というもがあり，これには善のみならず悪もある．そこで，万物に内在する理を究めて自らの本性を明らかにし（格物至知），心を常に一にして敬をもって徳性を涵養し（居敬），広く理を窮める（窮理）ことの重要性が説かれるのである．

　一方，老荘思想において最上位に位置するものは「道」である．道を一言でいい表すのはもちろん無理なことである．それは『老子』の冒頭に

　　道可道非常道，名可名非常名
　　これが道だと定義できるような道は，真の道ではなく，これが
　　真理の言葉だと決めつけることのできる言葉は，真理の言葉で
　　はない．

とある通りである．そういってしまえば身もふたもないが，あとで「道」という語が出てくるので，ここでは仮に「万物が本来持っている，すなわち，そうあるべき正しい方向」というくらいに考えておこう．

　数学者としての賢弘を語る場合，個々の問題の解き方においては，儒学や老荘，仏教の思想が格別な影響を与えたということはなかろう．事実，賢弘の数学は，このような儒学や老荘，仏教の思想など知らなくても理解できるし，ときには現代と同じ発想をそこに見ることもできる．賢弘の数学は，今でこそ一段高い立場から見ることもできるけれども，その結果が正しければ，それはそれで現代においても正しいのである．

　しかし，賢弘が数学，数学者をどういうものだと考えていたか，という点になると事態は一転する．人はその時代の思潮のなかで思考し，表現するのであるから，その結果が仮に時代を超越したとしても，基盤としての思潮を無視して読むことは，断章取義のそしりをまぬがれまい．わたしたちは何でも自由に思考できるとはいっても，それぞれの生きた時代の主要な思想の流れ，思潮に大きく影響されるのは当然である．

11.2 自質の説——数学とは，数学者とは　　171

　江戸時代の数学者は個々の問題を解くことには大変熱心であったが，数学とは一体何か，数学者とはどのような者か，といったようなことを述べた者は少ない．これはあるいは現代でも同じであろう．賢弘も日常において，数学とは何ぞや，というようなことを大いに議論したとは思えないが，本書でこれまでにも何度もとりあげてきた『綴術算経』の最後には「自質説」（自質の説）と題された章があり，そこには賢弘の数学観，数学者観が述べられているのである．これは献上した将軍吉宗のために，数学者としての人生を回顧，自省したものである．

　そこには儒学，老荘（あるいはひょっとすると仏教の思想）が大きく影を落としていると思われる．以下では，この点にも関心を寄せつつ，「自質の説」を読んで紹介したい．

11.2　自質の説——数学とは，数学者とは

　原文には段落分けはないが，ここでは全体を 5 段に分けて，各段落ごとに訳して，少しずつ解説を加えて行こう．

> **第 1 段**　数学の研究が数学の心に従うときには数学者は安泰である．逆に従わないときには苦しむ．いわゆる心に従うと言うのは，すなわち本質に従うということである．従うときには安泰であるというのは，結果に達していない時から，必ず達することができるという心があるから疑うことがなく，安泰な境地にいるのである．安泰な境地にいるからつねに研究を進めて止むことがない．常に研究を進めて止むことがないから成功しないということがない．従わないときには苦しむというのは，結果にまだ達していない時に，得られることや得られないことについて考えをめぐらさず，あれこれと疑うからである．疑うから苦しみ挫ける．苦しみ挫けるから成し遂げることが難しい．

　原文では，冒頭は「算の数の心に従うときは泰し」と始まる．今では「算数」と一言にいうが，算と数はもともとは別の概念である．『大成算経』の冒頭部分には次のように書かれている．

　　　算者数也．数言万物本具之体，算言已顕而相為之用也．

> 算は数なり．数は万物本具の体をいい，算はすでに顕れて相為すの用なり．
>
> 算は数である．数はすべてのものに本来備わっている本体のことであり，算はすでに姿を顕して相互に作用を及ぼすはたらきのことである．

つまり，算と数は同じものを指すが，数は万物に内在する，われわれには見ることできない本体であり，一方，算は数が姿を顕したものであり，互いに作用を及ぼす働きと規定されている．そこで，上の訳では「数学の研究」と訳したのである．場合によっては，「数学の研究方法」というように訳した方が明快かもしれない．ここに理と気の思想が影響していることは明らかであろう．

そのような思想史的な視点を取り除いてしまえば，本段に述べられていることは，数学の問題の本質に合致した方法をとっているときには，必ず解けるという安心した心境にいることができ，そうであればこそ研究を中途で放棄することもなく，結局問題を解くことができる，ということである．逆にいえば，研究の方法が数学の本質に合っていないときには，あれこれ疑うことになり，苦しく挫けてしまうから，結局問題を解くことができない，ということになる．

第 2 段　わたしは数学を学びはじめてから，いつも楽に研究を進めようと思って，かえって長い間，数学の研究に苦しんだ．思うに，これはまだ自分自身の本質を発揮し尽していなかったからである．ようやく六十歳になろうかという頃，自ら生まれつきの素質が偏駁(へんぱく)であることをまさに認識して，数学の研究は数学の本質に従うべきものであることを知った．ああ，自己の純粋，偏駁という素質は各人が生まれて得たままであって，学び尽したからといって，純粋さがさらに増し強くなることはなく，また忘れ去ったからといって，偏駁さが減り弱くなることは少しもない．したがって，人はその自分自身の偏駁な素質のことを考えるべきである．純粋な素質を得ようなどと考えるべきではない．人はそれぞれ自らその偏駁な素質を発揮し尽さなくては，決して数学の研究は数学の本質に従うべきだという真実を悟ることはできない．それなのに人は皆，素質の純粋，偏駁が生得，自然

11.2 自質の説——数学とは，数学者とは　173

のものであることを悟らず，学び尽しさえすれば，素質が純粋になってすべての見通しがよくなり，複雑な計算などの労力を用いる必要はないとする．それは考え違いというものだ．このような者は純粋な素質を学んで得られると思っている．どうして学んだからといっていまの自分の偏駁な本質が純粋な素質に変成することがあろうか．思うに，人がその素質を発揮し尽くして数学研究の道と一体になっても，生得の素質は生得の素質であるから，動ずること，変ずることはなく，改めて迷うことも，さらに明晰になることもなくて，人はつねに何かにつけて難易に応じた労力を発揮しなくてはならない．

　賢弘は細かい計算と観察を積み重ねて円周率や円弧の長さを求めることに成功した．それは『綴術算経』第11および第12に全体の半分の紙数を費やして述べられている．その果は師である関が得た結果にも匹敵，あるいはそれを超える結果であった．この経験から賢弘は，数学の研究（方法）が数学の問題の本質に合致していれば良い結果が得られるということ，さらにいえば，数学の研究は数学の本質に従うべきであるということを主張しているのである．

　しかし賢弘は60歳近くなってこの結論にたどり着いたという．それまでの40年間以上は面倒な計算などせずに，発想一つでただちに問題を解こうとしていたというのである（原文「安行ならんことを意て」）．ところがある日，賢弘は自分の素質が，関先生のように純粋ではなく，偏駁であり，しかもその生まれつきの素質は変えることができないことに気づいた．そして，偏駁ではありながらも自分の素質を最大限発揮して，関先生が下等と評した地道な計算を延々と繰り返し，満足の行く結果を得たのである．

　「純粋」と「偏駁」という言葉は原文の言葉をそのまま用いたのであるが，今日とは意味が必ずしも同じではない．特に「偏駁」は，聴きなれない言葉で，『広辞苑』にも載っていない．「偏」はかたよることであり，「駁」は混じり物があることである．この反対が「純粋」であり，その素質を持っているのは関先生のようなごく一部の人である．『列子』黄帝に，「道を体得した至徳の人の境地に到達するには，人間が本来持っている「純粋」の気を失わずに持ち続けていることが必要で，知恵や才覚，勇気や決断などで到達できるものではない」というようなことが書かれている．つまり建部は「純粋」と

か「偏駁」ということをこれらの書物，あるいは周囲の儒学者などから知り，それを利用したと考えるのが自然であろう．

　純粋な質，偏駁な質は天性のものでこれは一生変わらない．ということは偏駁な質の人が純粋になろうと努力することは無駄な努力であって，それよりも大事なことは，偏駁な質の人でもその人なりの努力（すなわち，その人の質に合致した努力）を精一杯することである．これは現代でも通じる真理のようである．

> **第3段**　さて，かつてわたしはある人が「芸を呑む」と言うのを聞いた．これは素質が純粋なことを意味するのであろうか．しかしよくよく考えてみれば，芸を自己に従えて自らの心の中に入れるというのは，人には元来思議できる領域と思議できない領域があるから，思議できる限りは芸が自分に従うとはいえ，思議できないところでは芸が自分に従ってはいないということもあり得る．そこでわたしはこう言いたい．自分から少しも自己の素質に逆らうことなく，完全に自分の素質に即した数学の研究の中に入るときには，自分の心と数学研究の道とが渾然一体となって，思議できるものは思議できるものとして自分に従い，思議できないものは思議できないものとしてこれもまた自分に従うと．これが数学研究の道と一体となることの一つの説明である．

　ここではまず「芸を呑む」ということの是非が議論される．「芸を呑む」とは芸を自分の中に取り込み，自分のものにするという意味であろう．ところが建部はそれでは不十分だという．つまり，取り込んだ分については自分のものになるけれども，取り込まなった部分は自分のものにはなっていないというのである．これを数学の場合に当てはめると，芸というのは数学研究といっても良いだろう．数学研究を自分の中に取り込むのでは不足だというのなら，一体どうすれば良いのだろうか．ここで賢弘は自分の素質に即した数学の研究の中に入れば良いのだと強調する．数学の研究を自分の中に取り込むのではなく，自分が数学の研究の中に飛び込めば，自分の心と数学研究の道が渾然一体となるというのである．この段の議論は，わかったようでわからない議論であるが，このような議論は，実は儒学や老荘の書物によく現れる議論であって，賢弘にとっては，このように議論することは自然であり，ま

た当時の読者もこれで十分わかったように思ったことであろう．

> **第4段** 数学研究の道を心で知って，言葉で説く者にはうそいつわりがある．数学研究の道と一体となって研究を実行する者にはうそいつわりがない．この数学研究の道と一体となるという究極の状態は全く考えて理解することができない．ところで，その思議できない真実について，自らこれを身につけるのに，わたしは生得の素質に即した一つの方法があることを悟ることができた．しかしわたしの数学研究の道はまだ未熟であるから，ここではこれを説明しない．そもそも言うべきことを悟った後に何か言うことがあるだろうか．あるとすればそれはわたしの偏駁な素質についてである．思うに，もし純粋の素質を持っているなら，一字として説くべきことはない．この場合一体何を説くというのであろうか．説くことがあるとすれば，それはつまり生得の偏駁の素質を説くのである．

　数学の道を悟ったものはもはやそれを語ることがない．道を悟った者はあらゆることを知っているが，同時に何も語らず，一見風采の上らない，木偶の坊のような人物である．このような人物は，これまた儒学や道学の書物によく現れる．ただ本段で気になるのは，「思議できない真実について，自らこれを身につけるのに，わたしは生得の素質に即した一つの方法があることを悟ることができた」というところである．いわずもがな，というところであるが，賢弘はこれを説明していないので，その秘訣はわからないままである．

> **第5段** 生まれつきの素質には純粋な人も偏駁な人もあり，その度合いは人によりまちまちである．それゆえ，わたしが数学の研究は数学の本質に従うべきだという理由の説明はまさに以上の通りであるが，他の人の場合も数学の本質に従うべき理由がこのようだと言っているのではない．したがって，もし数学を学ぶ者が本書の説くところを聞いて，意味もなくこれを正しいとはしてはならない．またいたずらに誤っているとしてもならない．ただ各自が自己の生得の素質をいつわりなく認識して，自分の素質に即して，数学の研究は数学の本質に本当に従うべきであるという理由を説くべきである．

　この締めくくりの段は，人それぞれに天賦の質が異なるから，「なぜ数学の

研究は数学の本質に従うべきなのか」という問題に対しては，それぞれが個々の素質に即して考えるべきだ，と結論付けている．「数学の研究は数学の本質に従うべきだ」ということを当たり前のことだと受け取った読者は，賢弘のこのような議論は迂遠に感じるかもしれない．しかし，賢弘は自分自身の半生を反省し，また周囲の数学者を見て，おそらく，「数学の研究は数学の本質に従うべきだ」という真実に気づくのは実は容易ではないのだ，と感じていたに違いない．数学者としての賢弘が人生をかけて到達した境地は，実にここにあったのである．偏駁であろうとも自分の素質を完全に発揮して，数学の本質と合致した研究方法をとれば，必ず数学の真実に到達できるのだ，という信念を賢弘は経験に基づいて述べているのである．

第12章　建部賢弘その後

　賢弘は関孝和の高弟としてその数学を学び，その良き理解者であり，またその発展にも尽した．賢弘に門弟がいたのかどうかは明確でないが，ここでは賢弘によって大きな影響を受けたと思われる中根元圭(げんけい)と松永良弼(よしすけ)について簡単に述べておこう．

12.1　建部賢弘の数学研究の意義

　賢弘が，円周率や円弧の級数展開などにおいては先生である関に匹敵するか，あるいはそれを超える業績を挙げたことは，すでに述べた通りである．賢弘は関の数学を正しく理解し，さらにそれを発展させるだけの十分な能力を持っており，まさに高弟と呼ばれるのにふさわしかった．また，『算学啓蒙』に徹底的な注解を施したり，『発微算法演段諺解』において関の傍書法の有効性を明らかにしたり，関とともに『大成算経』の編纂を試みるなど，関の数学の基礎を固め，その発展に大きな影響を与えたのも事実である．

　しかし，当時関がどの程度評価されていたのかとなると，これはまた別の問題である．のちには関流という流派が確立され，関はその始祖として崇(あが)められるようになり，さらに現代でも関は江戸時代の数学の歴史に燦然と輝く数学者として位置づけられている．しかし，賢弘が生きていた時代にすでにそうであったかは疑わしい．京都の田中由真(よしざね)（慶安4 (1651) 年–享保4 (1719) 年），宮城（柴田）清行ほか，京阪にはやはり優れた数学者もおり，関だけが一頭地を抜いていると当時評価されていたというわけでもなさそうである．そんな中で，賢弘の関心はもっぱら数学だけにあって，流派の確立だとかには関心がなかった．もっとも，当時はまだ数学が流派を形成して，競い合ってゆくというようなことは考えられない時代だったのかもしれない．そうい

うわけで，賢弘が関の数学の発展に尽したというのは，純粋に数学のことに限っての話である．たとえば，関の自筆の原稿類は，もしそれが伝えられたとするなら，荒木村英に渡ったものと考えられており，「高弟」であった賢弘には伝わらなかったようである．このように賢弘の関心はあくまでも数学自身にあったと思われるのだが，しかし，賢弘の仕事があってこそ，のちの関流が確立し，江戸時代の数学の流派としては最大規模のものとなったのも事実であろう．

12.2　中根元圭

中根元圭は寛文 2 (1662) 年，今の滋賀県浅井に生まれ，京都に出て白山町に住み，正徳元 (1711) 年，50 歳のとき京都銀座役人となっている．その後，享保 6 (1721) 年に将軍吉宗のときに幕府に召された．中根はもともと暦算に詳しく，そのために賢弘に推挙されたのである．中根は享保 13 (1728) 年に，賢弘に替わって『暦算全書』や『西洋新法暦書』に訓点を施した．また，享保 17 (1732) 年には伊豆で太陽や月の観測を行い，『日月高測』を書いた．元圭が暦算書を中国から輸入する必要性を吉宗に力説し，そのために禁書令が緩められたとの話もあるが，事実ははっきりしない．

元圭は暦算で有名であったが，同時に博学をもって知られていた．しかし，数学では『七乗冪演式』(元禄 4 (1691) 年)，『索術』(享保 13 (1728) 年)，『累約拾遺』(同) などがあるだけで，特に著しい業績を挙げたわけではない．やはり，暦算をもって認められ，賢弘も暦算家としての元圭を評価していたのであろう．

なお，賢弘の『綴術算経』の末尾にある付録「三斜差各一，中股の数を整える」は，元圭が解いたものと書かれている．問題は

> 三角形があって，長辺と中辺の差，中辺と小辺の差がともに 1 のとき，小辺，中辺を結ぶ頂点から大辺に下ろした垂線の長さが割り切れる場合を求めよ

というものである．元圭はこれを三辺が 1, 2, 3 の三角形から始めて

1	2	3	
3	4	5	$2\frac{1}{2}$
13	14	15	$11\frac{1}{5}$
51	52	53	$44\frac{8}{53}$
193	194	195	$167\frac{9}{65}$

と順に求め，これらの間の関係式

$$b_n = 4b_{n-1} - b_{n-2}, \ a_n = b_n - 1, \ c_n = b_n + 1$$

$$d_n = b_n - \frac{c_{n-1}+1}{2} + \frac{c_{n-1}+1}{2c_n}$$

を求めた．ただし，a_n, b_n, c_n は小辺，中辺，大辺の長さとする．

賢弘は，元圭のこの解き方が数を探って，数によって答えを得る方法であるから，付録として収録したのである．

また『累約術』に「門人平璋元珪刪定(さんてい)」とあることは，第2章で述べた通りである．

12.3　松永良弼

『荒木先生茶談』によれば，松永は荒木村英に数学を学んだが，それは関の存命の頃，だいたい15歳の頃であった．荒木が関の遺著として『括要算法』を出版すると，松永はこれを精読し，100個所以上にわたって正誤をつけた．享保10 (1725) 年頃までのことと思われる．松永は享保11 (1726) 年に『立円率』を書き，数学者の久留(くる)島(しま)義(よし)太(ひろ)を訪ねた．当時，久留島は江戸で「算術指南」の看板を立て数学を教授していたが，松永はここを訪ねたのである．ここにはまた中根元圭も訪問し，3人は緊密な仲となった．

ところで，松永はもともは久留米藩有馬家の浪人だったが，享保17 (1732) 年12月に，磐木藩平城（現在の福島県いわき市平）の内藤政樹に召抱えられた．それは二年前に召抱えられた久留島に推挙されたものだった．内藤政樹は学者肌の藩主で，享保15 (1730) 年に久留島を召抱え，2年後に松永を召抱えた訳である．このとき松永は「義太ほどの実力はないが，算術の巧者で算書の講釈もできるから召抱えた」と記録に残っている．

吉宗は改暦を目指していたが，なかなか進まない中，享保 17 (1732) 年から 4 年間ほどの間に松永は暦算に関する本を立て続けに書いた．

1. 『宿曜算法諺解』享保 17 (1732) 年 3 月
2. 『天学名目鈔正誤』享保 20 (1735) 年 3 月
3. 『天経或問発揮』享保 20 (1735) 年 9 月
4. 『元史四十八正方案考』
5. 『体道極曜俗解』享保 20 (1735) 年
6. 『割円十分標』元文元 (1736) 年
7. 『弧矢立成法』元文元 (1736) 年 5 月

である．このように，改暦という当時賢弘が取り組んでいた問題に関して松永が取り組んだのは，この時期，松永が賢弘から教えを受けていたからである．松永が賢弘に教えを受けたのは享保 17 (1732) 年以降，それほど長い期間ではない（賢弘が没したのは元文 4 (1739) 年である）．しかし，松永は賢弘の円理を学び，それを拡張したのである．賢弘の教えを受けた者としては，松永良弼のほかに，中根元圭，池部清真，小池友賢が知られているが，円理に関する著作を残したのは松永一人であった．幼少の頃荒木に学び，後半は賢弘に学んだという点では，松永は荒木のみの系統に属するとも，賢弘のみの系統に属するともいえない．

松永は『方円算経』（元文 4 (1739) 年）において

$$\pi^2 = 9\left(1 + \frac{1^2}{3\cdot 4} + \frac{1^2\cdot 2^2}{3\cdot 4\cdot 5\cdot 6} + \frac{1^2\cdot 2^2\cdot 3^2}{3\cdot 4\cdot 5\cdot 6\cdot 7\cdot 8} + \cdots\right)$$

$$\pi = 3\left(1 + \frac{1^2}{4\cdot 6} + \frac{1^2\cdot 3^2}{4\cdot 6\cdot 8\cdot 10} + \frac{1^2\cdot 3^2\cdot 5^2}{4\cdot 6\cdot 8\cdot 10\cdot 12\cdot 14} + \cdots\right)$$

というような展開式を得ている．

19 世紀になると，坂部広胖『算法点竄指南録』（文化 7 (1810) 年）における

$$\pi = 4\left(1 - \frac{1}{5} - \frac{1\times 4}{5\cdot 7\cdot 9} - \frac{1\cdot 3\times 4\cdot 6}{5\cdot 7\cdot 9\cdot 11\cdot 13} - \frac{1\cdot 3\cdot 5\times 4\cdot 6\cdot 8}{5\cdot 7\cdot 9\cdot 11\cdot 13\cdot 15\cdot 17} - \cdots\right),$$

川井久徳『新弧円解』（文政 6 (1823) 年）における

$$\pi = 2\left(1 + \frac{1^2}{3!} + \frac{3^2}{5!} + \frac{3^2\cdot 5^2}{7!} + \frac{3^2\cdot 5^2\cdot 7^2}{9!} + \cdots\right),$$

$$\frac{\pi}{4} = \frac{2}{3} + \frac{2}{2\times 3\cdot 5} + \frac{2\cdot 3}{2\times 3\cdot 5\cdot 7} + \frac{2\cdot 3\cdot 4}{2\times 3\cdot 5\cdot 7\cdot 9} + \cdots,$$

長谷川寛閲,千葉胤秀編『算法新書』(天保元 (1830) 年) における

$$\frac{\pi}{4} = 1 - \frac{1}{6} - \frac{1}{6\times 5} - \frac{1\cdot 2}{6\times 5\cdot 7} - \frac{1\cdot 2\cdot 3}{6\times 5\cdot 7\cdot 9} - \cdots$$

など多くの無限級数が得られたが,これらの嚆矢が賢弘であった.

なお,松永よりも前に蜂谷定章は『円理発起』(享保 13 (1728) 年) において

$$\pi^2 = 8\left(1 + \frac{1}{6} + \frac{1\cdot 4}{6\cdot 15} + \frac{1\cdot 4\cdot 9}{6\cdot 15\cdot 28} + \cdots\right)$$

を得ていることも付記しておこう.

読書案内

　関係する図書や論文，資料を網羅することはできないが，主なものを紹介することにしよう．

一次文献

　関心を持たれた読者にはまず一次資料を見てほしい．最近はインターネット上で写真をみることもできるようになった．現在もっとも充実しているのは東北大学の和算ポータル

　　　http://www2.library.tohoku.ac.jp/wasan/

であろう．また，京都大学電子図書館

　　　http://edb.kulib.kyoto-u.ac.jp/exhibit/index-s.html

の理学部数学教室図書室でも見ることができる．直接現物を手に取ってみるには，東北大学図書館，東京大学図書館，京都大学図書館，九州大学図書館など大学の図書館のほか，日本学士院，和算研究所で閲覧することができる．ここには挙げていない大学や公立図書館にも収蔵されていることが多いので，まずは地元の図書館をたずねてみるのが良い．

　また，古書として古書店に出ることもごくたまにある．建部に限らなければ，古書として流通しているものも（かならずしも多数とはいえないが）存在する．

図書

建部の個別の著作については，

[1] 小川束『関孝和『発微算法』——現代語訳と解説』（大空社，1994 年）．

に建部の『発微算法演段諺解』の詳細な解説があるほか，

[2] 佐藤健一『建部賢弘の『算暦雑考』——日本初の三角関数表』（研成社，1995 年）．

には焼失してしまった『算暦雑考』の写真が収められており貴重である．また，

[3] 竹之内脩『研幾算法と研幾算法演段諺解』（近畿和算ゼミナール報告集 9，2004 年）．

は『研幾算法』を解説したものである．図書ではないが，資料として『研幾算法』の術文を解説したものとしては，

[4] 藤井康生「『研幾算法』術文の注」数学史研究 175, 176（合併号, 2002–2003），19–72．

がある．

建部の円周率計算について述べた早い時期の図書としては，

[5] 和田秀男『高速乗算法と素数判定法（マイコンによる円周率の計算）』（上智大学数学講究録 15，1983 年）．
[6] 森本光生『UBASIC による解析入門』（日本評論社，1992 年）．

があり，最近のものとしては，

[7] 小川束，平野葉一『数学の歴史』（朝倉書店，2003 年）．

の第 I 部に建部の円周率計算と弧長の無限級数展開に関する記述がある．

また第 10 章で述べた魔方陣に関する基本的文献として，

[8] 三上義夫『和算之方陣問題』（帝国学士院，1917 年）．

がある．

このほか，建部の数学の解説としては，

[9] 日本学士院編『明治前日本数学史』第2巻（岩波書店，1956年）．
[10] 加藤平左エ門『和算の研究　雑論』（日本学術振興会，1956年）．
[11] 加藤平左エ門『和算の研究　方程式論』（日本学術振興会，1957年）．
[12] 加藤平左エ門『和算の研究　整数論』（丸善，1964年）．

などが参考になる．[9] は全5巻から成る大著の第2巻で，50年経った現在でも基本的文献として重要なものである．この巻には関孝和，建部賢弘，松永良弼がとりあげられている．なお，[9] の実質的な著者である藤原松三郎の論文集

[13] 藤原松三郎先生数学史論文刊行会編『東洋数学史への招待──富士原松三郎数学史論文集』（東北大学出版会，2007年）．

が最近刊行された．本書には建部賢弘の数学に関する論文も収録されている．
　建部の数学思想に関する考究を含むものとしては [7] のほか，

[14] 村田全『日本の数学　西洋の数学』（中公新書，1981年）．
[15] 三上義夫著・佐々木力編『文化史上より見たる日本の数学』（岩波文庫，1999年）．
[16] 下平和夫『関孝和』（研成社，2006年）．

などがある．三上義夫（明治8 (1875) 年–昭和25 (1950) 年）は戦前に活躍したが，もっとも優れた日本数学史家の一人であった．英文での論文数は，これまでの日本数学史研究者の中で突出しており，英文の著作と併せて，名実ともに世界的な数学史家であった．
　建部の伝記をめぐっては，

[17] 鈴木武雄『和算の成立──その光と陰』（恒星社厚生閣，2004年）．

では建部とイエズス会宣教師ジョバンニ・シドティ (1668–1714) との関係について論じられている．この問題はさらに検討を要すると思われるが，本書には推理小説を読むような楽しさがある．また，

[18] 佐藤賢一『近世日本数学史　関孝和の実像を求めて』（東大出版会，2005年）．

には，建部賢弘に関する新しい資料発見に基づく知見が述べられている．本書は本格的な研究書として近年の収穫の一つである．第2章の『大成算経』や榊原霞州に関する記述は本書に基づいている．

江戸時代の数学についての研究は，明治時代からすでに始められていた．当初かならずしも建部賢弘が十分に認知されていたわけではないが，研究初期のものとして，

[19] 遠藤利貞『増修日本数学史』(恒星社厚生閣，2003年．初版は1896年)．
[20] 林博士遺著刊行会『林鶴一博士和算研究集録』上，下 (東京開成館，1937年)．

を挙げておこう．これらを読むと初期の研究の状況がよくわかるであろう．

なお，日本数学史を扱った欧文の図書としては，

[21] Smith, D. E. *The Development of Mathematics in China and Japan.* Leipzig: Teubner, 1913; New York: Chelsea, 1974.
[22] Smith, D. E. and Mikami, Y. *A History of Japanese Mathematics.* Chicago: OpenCourt, 1914; Mineola: Dover, 2004.
[23] Horiuchi, A. *Les mathématiques japonaises à l'époque d'Edo.* Paris: Vrin, 1994.

などがある．[21]と[22]には最近の研究成果は含まれていない．英文による日本数学通史の出版が待たれることである．[23]は主として関孝和と建部賢弘を扱っている．

論文

専門的になるが，関係する論文を少し紹介する．

まず，『綴術算経』を中心として建部の数学思想に関するものとして，

[1] 杉浦光夫「和算家の思想について」東京大学教養学部教養学科紀要 8 (1976), 35–64.
[2] 杉浦光夫「円理――和算の解析学について」比較文化研究 (東京大学教養学部, 1982), 1–20.
[3] 村田全「建部賢弘の数学とその思想」数学セミナー (日本評論社) 1982

年8月号, 70–75；9月号, 69–75；10月号, 62–67；11月号, 63–69；12月号, 60–64；1983年1月号, 76–81.

がある．[3] は『綴術算経』の「自質説」をはじめて現代語訳したものであり，基本的論考の一つである．

ここで，1997年以来，毎年夏に開催されている京都大学数理解析研究所における研究集会（「数学史の研究」）の報告集に掲載された建部賢弘関連の論文群を挙げておこう．

[4] 岩下啓史「大成算經卷之十二と写本の系統について」数理解析研究所講究録 1317 (2003), 125–133.
[5] 内田孝俊「『円理弧背綴術』の著者について――兼庭撰と関連して」数理解析研究所講究録 1257 (2002), 210–222.
[6] 小川束「円理の萌芽――建部賢弘の円周率計算」数理解析研究所講究録 1019 (1997), 77–97.
[7] 小川束「建部賢弘の極値計算について」数理解析研究所講究録 1064 (1998), 129–147.
[8] 小川束「近世日本数学史に現われた無限級数の特質について」数理解析研究所講究録 1130 (2000), 212–219.
[9] 小川束「『綴術算経』の「探算脱術第七」について」数理解析研究所講究録 1257 (2002), 205–209.
[10] 小川束「狩野本『綴術算経』について」数理解析研究所講究録 1392 (2004), 60–68.
[11] 小川束「建部賢弘の『算学啓蒙諺解大成』における「立元の法」に関する註解ついて」数理解析研究所講究録 1444 (2005), 63–72.
[12] 小川束「近世日本数学における表現形式――『大成算經』の隠題をめぐって」数理解析研究所講究録 1513 (2006), 112–120.
[13] 小川束「『綴術算経』の「自質説」について――現代語訳の試み」数理解析研究所講究録 1546 (2007), 163–174.
[14] 柏原信一郎「『大成算經』卷之十六題術辯について」数理解析研究所講究録 1444 (2005), 209–221.
[15] 尾崎文秋「『大成算經』卷之四三要（象形，満干，数）の謎」数理解析研

究所講究録 1392 (2004), 186–196.
- [16] 後藤武史「大成算經の前集の研究」数理解析研究所講究録 1195 (2001), 128–138.
- [17] 後藤武史「大成算經における判別式の求め方」数理解析研究所講究録 1257 (2002), 186–197.
- [18] 小松彦三郎「綴術算經の異本と成立の順序」数理解析研究所講究録 1130 (2000), 229–244.
- [19] 小松彦三郎「綴術算經の異本と成立の順序補遺」数理解析研究所講究録 1392 (2004), 69–70.
- [20] 小松彦三郎「『大成算經』校訂本作成の現状報告」数理解析研究所講究録 1546 (2007), 140–156.
- [21] 竹之内脩「和算における行列式について」数理解析研究所講究録 1130 (2000), 245–262.
- [22] 竹之内脩「研幾算法」数理解析研究所講究録 1392 (2004), 1–14.
- [23] 竹之内脩「研幾算法第 1 問について」数理解析研究所講究録 1513 (2006), 121–130.
- [24] 原田美樹「大成算經卷之八, 九〜日用術〜について」数理解析研究所講究録 1257 (2002), 198–204.
- [25] 森本光生「『算学啓蒙諺解大成』について」数理解析研究所講究録 1392 (2004), 27–45.
- [26] 森本光生, "Differentiation and Integration in Takebe Katahiro's Mathematics", 数理解析研究所講究録 1513 (2006), 131–143.
- [27] 森本光生「古法, 四乗求背の術, 六乗求背の元術について」数理解析研究所講究録 1546 (2007), 175–180.
- [28] 横塚啓之「建部賢弘の著と考えられる『弧背截約集』と『弧背率』・『弧背術』の関係——建部賢弘の元禄時代と享保時代の円理の研究」数理解析研究所講究録 1513 (2006), 144–151.
- [29] 若林和明「大成算經卷之七における計子及び驗符」数理解析研究所講究録 1317 (2003), 134–144.

建部賢弘の数学に関するここ 10 年来の研究の成果としてはまず, 『綴術算経』の詳細な検討が進んだこと ([6], [7], [8], [9], [10], [13], [18], [19], [26], [27],

[28]) と，『大成算経』の新たな研究が立ち上げられたこと ([4], [12], [14], [15], [16], [17], [20], [21], [24], [29]) の二点が挙げられよう．またこの間，小松彦三郎による狩野本『綴術算経』の発見 ([18]) と，横塚啓之による『弧背截約集』の発見 ([28]) がなされたことは，建部賢弘の数学の研究において特筆すべき事件であった．このほかにも『円理弧背綴術』に関する研究 ([5]),『算学啓蒙諺解』に関する研究 ([11], [25]),『研幾算法』に関する研究 ([22], [23]) なども進められている．

建部賢弘の数学に関する研究論文，資料は，以上のほかにももちろん多数ある．ここでは「弧背」に関するものを挙げておく．

[30] 徐澤林「建部賢弘によるロンバーグ算法の発明」数学史研究 156 (1998), 1–7.
[31] 額田昭子「『弧背截約集』の蔵書印による旧蔵者の確定についての報告」数学史研究 189 (2006), 44–46.
[32] 森本光夫，斎藤美千代「正多角形の周の長さによる円周率の近似計算」『記号数式処理と先端的科学技術計算予稿集』, (1990).
[33] 森本光生・小川束「建部賢弘の数学——とくに逆三角関数に関する三つの公式について」数学 56.3 (2004), 307–319.
[34] 横塚啓之「建部賢弘の著と考えられる『弧背截約集』について」数学史研究 182 (2004), 1–39.
[35] 横塚啓之「千葉県立中央博物館蔵『円理弧背術』について」科学史研究 43 巻 232 号 (2004), 204–210.
[36] 横塚啓之「『弧背截約集』上巻の影印」数学史研究 184 (2005), 1–16.
[37] 横塚啓之「『弧背截約集』中巻の影印」数学史研究 185 (2005), 64–77.
[38] 横塚啓之「「建部賢弘の著と考えられる『弧背截約集』について」への補遺・修正」数学史研究 185 (2005), 85–87.
[39] 横塚啓之「『弧背截約集』下巻の影印」数学史研究 186 (2005), 41–51.
[40] 横塚啓之「『弧背術』(『弧率』) と『算暦雑考』の著者について」数学史研究 189 (2006), 32–43.
[41] 横塚啓之「「『弧背截約集』の蔵書印による旧蔵者の確定についての報告」への補足」数学史研究 189 (2006), 47.

[32] は建部の加速計算がロンバーグ法と等価であることを述べたものである．なお，建部の加速計算のコンピュータによる最初の復元は，上記図書の [5] だと思われる．

近年目立つのは横塚啓之による『弧背截約集』の発見に関する論文群である．本書によって建部による円周率計算の末尾の誤りの原因が明らかになるなど，この資料の発見は最近の特記すべきできごとの一つであった．第 2 章の『弧背截約集』に関する記述は [34] によっている．

なおこの機会に，直接建部に言及したものではないが，一読すべき論考として，

[42] 三上義夫「関孝和の業績と京阪算家並に支那の算法との関係及び比較」東洋学報 20.2 (1932)–22.1 (1935).

も挙げておきたい．三上は 1949 年東北大学より理学博士の学位を授与されたのであるが，そのときの主論文がこの論文（上記図書 [15] が副論文の一つ）であった．

また，日本数学における無限級数に関する全般的研究は，

[43] 細井淙「和算に於ける極限思想」数学史研究 3.3 (1965) 1–49.

に詳しい．本論文を見ると，建部以降の発展の様子を概観することができる．なお，細井は戦前の岩波講座数学において「和算」を担当している．すなわち，

[44] 細井淙「和算」岩波講座数学 IX. 別項，I (1933)；II (1934).

以上の論文リストにおいては欧文によるものはほとんど挙げていないが，それらについては，

[45] Ogawa, T. "A Review of the History of Japanese Mathematics." *Revue d'histoire des mathématiques*, 7 (2001), 137–155.

に詳細な欧文の論文のリストが列挙されている．その中でもっとも早い論文は，

[46] Fujisawa, Rikitarou. "Notes on the Mathematics of the Old Japanese School" *Compte rendu de 2e Congrès international de mathématiciens, Paris* (1900), 379–393.

である.すなわち,ヒルベルトが 23 の「数学の問題」によって 20 世紀の数学の目標を提示した第 2 回国際数学者会議で,藤沢利喜太郎が日本数学を紹介していたのである.

文献

最後に,本書を著すにあたって参照した図書を挙げておく.

[1] 大庭脩『漢籍輸入の文化史』(研文出版,1997 年).
[2] 成島司直編『増補新訂国史大系徳川実記』(吉川弘文館,1809–1849 年).
[3] 堀田正敦編『寛政重修諸家譜』(続群書類従完成会,1964–67 年).
[4] 平山諦,内藤淳編『松永良弼』(松永良弼刊行会,1987 年).

人名索引

■ ア行 ■

会田安明, 158
アダム・シャール, 38
荒木村英, 4, 9, 178–180
安藤有益, 157
池田昌意, 7, 13, 15
池部清真, 180
井関知辰, 59
礒村吉徳, 157, 158
市川行英, 158
伊藤仁斎, 169
今井兼庭, 37
今村知商, 120, 121
入江脩敬, 37, 159
内田久命, 158
榎並和澄, 4
大高由昌, 5
御粥安本, 158
荻原禎助, 158
織田信長, 6

■ カ行 ■

春日長兵衛, 5
川井久徳, 180
久留島義太, 9, 158, 159, 179
小池友賢, 180
孔子, 169
小松鈍斎, 158

■ サ行 ■

榊原霞州, 30
榊原篁州, 30
坂部広胖, 180
佐治一平, 7, 21
佐藤元龍, 158
佐藤正興, 157, 158
澤口一之, 19, 20
シャル・フォン・ベル, 38
朱熹, 169, 170
朱世傑, 8, 23, 43, 52, 55, 58, 60, 61, 157
青蓮院尊鎮法親王, 6
鈴木重次, 158
関孝和, 3–10, 13–22, 27–30, 33, 36–38, 41, 57–59, 62, 65, 66, 79, 93–95, 99, 102–104, 106, 109, 111, 114, 117, 122, 123, 125, 157, 159, 173, 177, 178
祖冲之, 118

■ タ行 ■

建部賢明, 5–8, 10, 22, 27, 28, 35, 114, 115, 117
建部賢弘, 3, 5–24, 26–28, 30–39, 41, 43–48, 51, 53–62, 65, 67, 68, 73–76, 79–82, 87, 89–99, 106–114, 118–120, 122, 124–126, 129–132, 134, 136, 137, 145–147, 150, 151, 154,

157–159, 161, 166, 169–171, 173–181
建部賢文, 6
建部賢充, 8
建部賢之, 22
建部賢能, 6
建部直恒, 5, 6
建部秀行, 12
建部昌興, 6
建部昌純, 12
建部昌親, 8
田中由真, 158, 177
千葉胤秀, 181
程大位, 3, 157
徳川家継, 9–11
徳川家斉, 9
徳川家宣, 6, 9, 10
徳川家光, 6
徳川家康, 6
徳川綱重, 7
徳川綱豊, 6, 8, 9
徳川綱吉, 6, 9
徳川秀忠, 6, 9, 10
徳川光貞, 30
徳川吉宗, 5, 9–12, 30, 31, 171, 178, 180
徳川頼倫, 32
豊臣秀吉, 6, 8
鳥居春沢, 30

■ナ行■
内藤政樹, 179
中田高寛, 158
中根元圭, 11, 12, 34, 177–180
中根彦循, 158

■ハ行■
梅文鼎, 11, 12
土師道雲, 8, 23
長谷川寛, 181
蜂谷定章, 181
林羅山, 169
久田玄哲, 8, 23
藤川春龍, 158
藤原惺窩, 169
北條源五衛門, 6, 8
星野実宣, 8, 23, 157, 158
本田利明, 37, 137

■マ行■
松田正則, 7, 15, 16, 21
松永良弼, 9, 36, 104, 106, 123, 158, 177, 179–181
松宮俊仍, 39
宮城（柴田）清行, 177
村井中漸, 158
村岡能一, 158
村松茂清, 99, 100, 157, 158
村松高直, 99
村松秀直, 99

■ヤ行■
山鹿素行, 169
山路主住, 158
湯若望, 38
楊輝, 157
吉田光由, 3, 4

■ラ行■
六角定頼, 6
六角義賢, 6

書名索引

■ア行■

荒木先生茶談, 179
一源括法, 37, 159
易経, 15, 169
円理弧背術, 37, 130, 137–140, 142, 143
円理弧背術解, 37
円理弧背綴術, 37
円理綴術, 37
円理発起, 181

■カ行■

解隠題之法, 30, 58
解見題之法, 30, 58
改算記, 19
解伏題之法, 30, 58
開方算式, 29
開方飜変之法, 29
楽書, 30
割円十分標, 180
括要算法, 4, 5, 29, 95, 99, 102, 103, 114, 117, 122, 123, 179
勘者御伽双紙, 158
竿頭算法, 11
奇遇方数, 158
起源解, 104
机前玉屑, 158
毬闕変形草, 30
久氏遺稿, 158
久氏方陣, 158

九章算術, 41, 43, 46, 51, 84, 138
求積, 30
仰高録, 11
極星測算愚考, 38, 39
国絵図, 11
研幾算法, 6, 7, 13–17, 21, 57, 58, 121–123, 145, 146, 150, 151
研幾算法演段諺解, 122
元史四十八正方案考, 180
広辞苑, 173
合類算法, 158
股勾弦鈔, 157, 158
古今算法記, 4, 7, 16, 18–21
弧矢立成法, 180
弧背術, 35, 36
弧背截約集, 34–36
弧背密術, 36
弧背率, 35, 36
弧背率書, 36
五方陣廉術, 158
弧率, 12, 35, 36, 124

■サ行■

歳周考, 11, 12, 38
索術, 178
算学啓蒙, 3, 7, 8, 11, 23, 26, 41, 43, 47, 51, 52, 54, 59, 157, 177
算学啓蒙諺解, 6, 7, 13, 23, 24, 26, 44–48, 51, 53, 55, 61

算学詳解, 16
三差解, 39
算爼, 99, 100, 157, 158
算脱之法・験符之法, 29
算法闕疑抄, 157, 158
算法根源記, 19, 157, 158
算法集成, 104
算法新書, 181
算法浅問抄, 158
算法大成, 7, 27
算法重宝記, 158
算法点竄指南録, 180
算法童子問, 158
算法統宗, 3, 11, 41, 157
算法入門, 7, 15, 16, 21, 22
算法発揮, 59
算法方陣円陣術, 158
参両録, 4
算暦雑考, 12, 35, 38, 132
詩経, 169
四元玉鑑, 58
七乗冪演式, 178
竪亥録, 120
宿曜算法諺解, 180
授時暦, 123
授時暦議解, 38
授時暦術解, 30, 38
授時暦数解, 30, 38
授時暦立成, 30
春秋, 169
書経, 169
書物方日記, 31
塵劫記, 3, 7, 41
新弧円解, 180
辰刻愚考, 11, 12, 38
新篇塵劫記, 3
隋書, 118
数学乗除往来, 7, 13, 15, 18, 21

西洋新法暦書, 178
関氏雑書, 30
関率五方陣変数術路並数解, 158
荘子, 169

■タ行■
大学, 169
題術弁議之法, 30
大成算経, 6, 9, 10, 27–30, 35, 37, 106, 123, 171, 177
体道極曜俗解, 180
大明律諺解, 30
建部氏伝記, 27
建部先生方陣新術, 159
中否論, 38, 39
中庸, 169
綴術算経, 11, 12, 30, 31, 33–35, 79–82, 86, 87, 89–91, 95, 98, 99, 107, 108, 113, 116, 118, 120, 123, 125, 126, 129, 131, 132, 136, 137, 169, 171, 173, 178
天学名目鈔正誤, 180
天経或問発揮, 180
徳川実紀, 5, 31

■ナ行■
日月高測, 178

■ハ行■
発微算法, 3–7, 15, 16, 18–22, 57, 58, 61, 62, 66, 67, 74
発微算法演段諺解, 5–7, 13, 18, 19, 21, 22, 58, 61, 62, 65, 67, 68, 73–76, 177
病題明致之法, 30
不休建部先生綴術, 11, 12, 28, 30–34, 80, 87, 169
分度余術, 39
方円算経, 180

書名索引 197

方円陣術, 158
方陣円攢之法解, 158
方陣円陣解, 158
方陣諺解, 158
方陣元率, 158
方陣新術, 37, 158
本方陣探術又四方陣目子術案, 158
方陣之法, 158
方陣之法・円攢之法, 29, 157
方陣変換術, 158
方陣変換之術, 158

■マ行■
明律, 30
孟子, 169

■ヤ行■
楊輝算法, 157
四方陣変数, 158

四方陣廉術, 158

■ラ行■
礼記, 169
洛書亀鑑, 158
立円率, 179
立方陣, 158
累約拾遺, 178
累約術, 11, 34, 179
暦義議, 30
暦考雑集, 38
暦算全書, 11, 12, 178
列子, 169, 173
老子, 169, 170
論語, 169

■ワ行■
和剤局方, 30

事項索引

■ア行■

異減同加, 44
遺題, 4, 7, 13, 15, 18–21
遺題継承, 4
陰陽二気, 170
エイトケン加速法, 112
円周率, 18, 33, 34, 89, 91, 99–104, 106, 107, 109, 111–114, 117, 118, 120, 123, 173, 177
剡術, 35
円陣, 159
円錐, 93, 96
円台, 96
演段, 21, 67
円理, 35, 37
黄赤道立成, 38
大納戸番, 9
大番士, 5
御小納戸, 8–10
御広敷, 12
御留守居, 11
御留守居番, 12

■カ行■

開平術, 46, 47, 51, 54, 84
開平の式, 58
開方式, 47
開方術, 47, 48, 52, 55
開方釈鎖門, 47, 48, 51–53, 55, 57, 59

開方の式, 48, 53–56, 58, 60
開立術, 51, 84
格物至知, 170
仮の数, 54–56
仮の積, 54, 58
仮の長, 54, 57
仮の平, 54, 57
干, 29
寛永寺, 10
寛政暦, 38
換隊, 161, 163, 165, 166
揆極儀, 39
九帰除法, 24
求弧四術, 35
球の体積, 79, 89–91, 93, 95, 96, 107
窮理, 170
行列式, 58
居敬, 170
隅, 47, 49–51
組立除法, 51, 60
形, 29
径率, 89, 100, 114, 116, 117
元隊, 159
行舶, 39
弧矢綴術, 38
小納戸, 5, 10, 12
好み, 4
弧背, 119–122, 124, 125

弧背本源術, 35
5 方陣, 163, 164

■サ行■
歳差, 38
再乗冪演式, 59
砕抹術, 113
朔望周期, 34
算木, 4, 41–43, 48, 49, 58
3 乗化, 59, 61
算盤, 41, 42, 46–52, 54–56, 58, 83
三部抄, 58
3 方陣, 159
矢, 17, 119, 122, 125, 132, 138
四元術, 58
時憲暦, 38
自質説, 171
2 乗化, 59, 61, 73
実, 23, 47, 49–52, 54, 64, 72, 73
実如法而一, 23
終結式, 21, 58
周率, 89, 100, 114, 116, 117
授時暦, 38
術, 31, 32, 126
純粋, 173, 174
商, 63
象, 29
招差法, 95, 123
辰刻, 38
数, 31–33
畝, 52, 53
正負術, 43, 46
積, 51–53, 57, 62
釈九数法, 24
関流, 177
截砕之法, 34
接術, 35
折術, 35

総括, 51
増上寺, 10
増約術, 88, 97–99, 102, 104, 108, 111, 113
測遠, 39
測量, 11, 39
疎率, 89, 100
損約術, 88, 91, 92

■タ行■
対換, 161, 164–166
太極, 170
梁術, 95, 98
長, 52–54, 57
直円錐, 96
直田, 52, 57
定半背冪, 126, 129
テイラー展開, 79, 112, 133–136, 139, 140
綴術, 37, 118
天元術, 8, 19, 52, 54, 55, 57
天元の一, 53–55, 57, 64, 69
同加異減, 43, 51
同減異加, 43

■ナ行■
7 方陣, 165, 166
納戸番, 8, 10
二十八宿, 64
日本総図, 11

■ハ行■
倍術, 35
半背, 119, 120, 125, 138
半背冪, 35, 119, 125, 136, 138, 143
汎半背冪, 126
平, 52–54, 57
平冪演式, 59
変隊, 163–166

偏駁, 173, 174
布衣, 10
方, 47, 49–51
法, 23, 31, 32
傍書法, 4, 7, 15, 18, 22, 57, 58, 147
方陣, 37, 159, 162, 165, 166
方程, 43
方面, 48, 62, 64
ホーナー法, 47

■マ行■
甍方陣, 157–159
満, 29
道, 170
密率, 89, 100, 116, 117, 120
無限級数, 12, 33, 35, 37, 38, 104, 125, 131, 136, 138, 143, 181
無限小数, 114
無限数列, 104
明開平法, 51
明正負術, 26, 43–45

■ヤ行■
右筆, 5, 6
寄合, 11
4方陣, 162–164

■ラ行■
理, 33, 170
理気二元論, 170
立成, 38
龍興寺, 12
立方陣, 159
累遍増約術, 107, 109, 111–113, 119, 125, 126
累約術, 34
零約術, 114, 115, 117, 127–129, 132
暦術, 37
廉, 47, 49–52
6方陣, 164
ロンバーグ法, 112

■ワ行■
和算, 3, 58

Memorandum

Memorandum

Memorandum

Memorandum

著者紹介

小川　束（おがわ　つかね）

1984年　学習院大学自然科学研究科博士後期課程（数学）中途退学
現　在　四日市大学環境情報学部教授
　　　　博士（学術）
専　攻　数学史
著　書　『関孝和「発微算法」―現代語訳と解説』（大空社，1994）
　　　　JINKOKI（共著，Wasan Institute，2000）
　　　　『数学の歴史』（共著，朝倉書店，2003）ほか多数

佐藤　健一（さとう　けんいち）

1962年　東京理科大学理学部数学科卒業
現　在　和算研究所理事長
専　攻　和算，和算史
著　書　『江戸庶民の数学』（東洋書店，1994）
　　　　『新・和算入門』（研成社，2000）
　　　　『塵劫記初版本』（訳・校注，研成社，2006）ほか多数

竹之内　脩（たけのうち　おさむ）

1947年　東京帝国大学理学部数学科卒業
現　在　大阪大学名誉教授，大阪国際大学名誉教授
　　　　理学博士
専　攻　関数解析学，数学教育，数学史
著　書　『ルベーグ積分』（培風館，1980）
　　　　『函数解析』（朝倉書店，2004）
　　　　『π』（共立出版，2007）ほか多数

森本　光生（もりもと　みつお）

1964年　東京大学理学部数学科卒業
現　在　上智大学名誉教授，元 国際基督教大学教授
　　　　理学博士
専　攻　解析学
著　書　『パソコンによる数式処理』（朝倉書店，1990）
　　　　『UBASICによる解析入門』（日本評論社，1992）
　　　　『佐藤超函数入門（復刊版）』（共立出版，2000）ほか多数

建部賢弘の数学
The Mathematics of Takebe Katahiro

2008年3月25日 初版1刷発行

著　者	小川　束・佐藤健一 竹之内脩・森本光生
発行者	南條光章
発行所	共立出版株式会社 郵便番号 112-8700 東京都文京区小日向 4-6-19 電話 03-3947-2511（代表） 振替口座 00110-2-57035 URL http://www.kyoritsu-pub.co.jp/
印　刷	啓文堂
製　本	ブロケード

© 2008

検印廃止
NDC 419.1
ISBN 978-4-320-01861-7

社団法人
自然科学書協会
会員

Printed in Japan

JCLS <(株)日本著作出版権管理システム委託出版物>
本書の無断複写は著作権法上での例外を除き禁じられています。複写される場合は、そのつど事前に(株)日本著作出版権管理システム（電話03-3817-5670, FAX 03-3815-8199）の許諾を得てください。

総合的な"世界の数学通史書"といえる名著の翻訳本！

カッツ 数学の歴史

A history of mathematics : an introduction（2nd ed.）

Victor J. Katz 著　　監訳：上野健爾・三浦伸夫

翻訳：中根美知代・髙橋秀裕・林 知宏・大谷卓史・佐藤賢一・東 慎一郎・中澤 聡

　本書は，北米の数学史の標準的な教科書と位置付けられ，ヨーロッパ諸国でも高い評価を受けている名著の翻訳本。古代，中世，ルネサンス期，近代，現代と全時代を通して書かれており，地域も西洋は当然として，古代エジプト，ギリシア，中国，インド，イスラームと幅広く扱われており，現時点での数学通史の決定版といえる。

　日本語版においては，引用文献に対して原語で書かれている文献にまで立ち返るなど，精密な翻訳作業が行われた。また，邦訳文献，邦語文献もなるべく付け加えるようにし，読者が，次のステップに躊躇なく進めるように配慮されている。さらに，索引を事項索引，人名索引，著作索引の3種類を用意し，読者の利便性を向上させた。数学史を学習・教授・研究する全ての人に必携の書となろう。

≪CONTENTS≫
第Ⅰ部　6世紀以前の数学
　第1章　古代の数学
　第2章　ギリシア文化圏での数学の始まり
　第3章　アルキメデスとアポロニオス
　第4章　ヘレニズム期の数学的方法
　第5章　ギリシア数学の末期
第Ⅱ部　中世の数学：500年—1400年
　第6章　中世の中国とインド
　第7章　イスラームの数学
　第8章　中世ヨーロッパの数学
　間　章　世界各地の数学
第Ⅲ部　近代初期の数学：1400年—1700年
　第9章　ルネサンスの代数学
　第10章　ルネサンスの数学的方法
　第11章　17世紀の幾何学，代数学，確率論
　第12章　微分積分学の始まり
第Ⅳ部　近代および現代数学：1700年—2000年
　第13章　18世紀の解析学
　第14章　18世紀の確率論，代数学，幾何学
　第15章　19世紀の代数学
　第16章　19世紀の解析学
　第17章　19世紀の幾何学
　第18章　20世紀の諸相

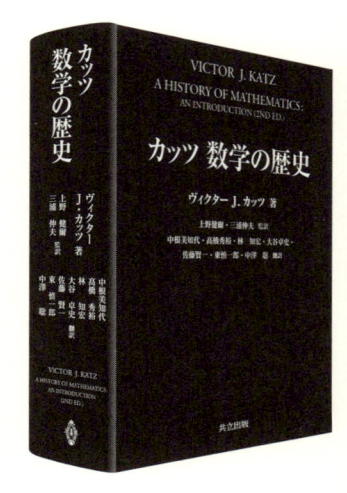

B5判・1,024頁
上製本
定価19,950円(税込)

◆本書の詳細情報はホームページでご覧いただけます。「序文」，「組み見本(内容の一部)」などのPDFファイルを掲載しています。

〒112-8700　東京都文京区小日向4-6-19
TEL：03-3947-2511／FAX：03-3947-2539

共立出版

http://www.kyoritsu-pub.co.jp/
▶共立出版ニュースメール会員募集中◀

新しい数学体系を大胆に再構成した教科書シリーズ!!

共立講座 21世紀の数学 全27巻

編集委員：木村俊房・飯高　茂・西川青季・岡本和夫・楠岡成雄

高校での数学教育とのつながりを配慮し，全体として大綱化（4年一貫教育）を踏まえるとともに，数学の多面的な理解や目的別に自由な選択ができるように，同じテーマを違った視点から解説するなど複線的に構成し，各巻ごとに有機的なつながりをもたせている。豊富な例題とわかりやすい解答付きの演習問題を挿入し具体的に理解できるように工夫した，21世紀に向けて数理科学の新しい展開をリードする大学数学講座である。

① 微分積分
黒田成俊 著‥‥‥定価3780円（税込）
【主要内容】　大学の微分積分への導入／実数と連続性／曲線，曲面／他

② 線形代数
佐武一郎 著‥‥‥定価2625円（税込）
【主要目次】　2次行列の計算／ベクトル空間の概念／行列の標準化／他

③ 線形代数と群
赤尾和男 著‥‥‥定価3570円（税込）
【主要目次】　行列・1次変換のジョルダン標準形／有限群／他

④ 距離空間と位相構造
矢野公一 著‥‥‥定価3570円（税込）
【主要目次】　距離空間／位相空間／コンパクト空間／完備距離空間／他

⑤ 関数論
小松 玄 著‥‥‥続 刊
【主要目次】　複素数／初等関数／コーシーの積分定理／積分公式／他

⑥ 多様体
荻上紘一 著‥‥‥定価2940円（税込）
【主要目次】　Euclid空間／曲線／3次元Euclid空間内の曲面／多様体／他

⑦ トポロジー入門
小島定吉 著‥‥‥定価3150円（税込）
【主要目次】　ホモトピー／閉曲面とリーマン面／特異ホモロジー／他

⑧ 環と体の理論
酒井文雄 著‥‥‥定価3150円（税込）
【主要目次】　代数系／多項式と環／代数幾何とグレブナ基底／他

⑨ 代数と数論の基礎
中島匠一 著‥‥‥定価3780円（税込）
【主要目次】　初等整数論／環と体／群／付録：基礎事項のまとめ／他

⑩ ルベーグ積分から確率論
志賀徳造 著‥‥‥定価3150円（税込）
【主要目次】　集合の長さとルベーグ測度／ランダムウォーク／他

⑪ 常微分方程式と解析力学
伊藤秀一 著‥‥‥定価3780円（税込）
【主要目次】　微分方程式の定義する流れ／可積分系とその摂動／他

⑫ 変分問題
小磯憲史 著‥‥‥定価3150円（税込）
【主要目次】　種々の変分問題／平面曲線の変分／曲面の面積の変分／他

⑬ 最適化の数学
伊理正夫 著‥‥‥続 刊
【主要目次】　ファルカスの定理／線形計画問題とその解法／変分法／他

⑭ 統　計 第2版
竹村彰通 著‥‥‥定価2835円（税込）
【主要目次】　データと統計計算／線形回帰モデルの推定と検定／他

⑮ 偏微分方程式
磯 祐介・久保雅義 著‥‥‥続 刊
【主要目次】　楕円型方程式／最大値原理／極小曲面の方程式／他

⑯ ヒルベルト空間と量子力学
新井朝雄 著‥‥‥定価3360円（税込）
【主要目次】　ヒルベルト空間／ヒルベルト空間上の線形作用素／他

⑰ 代数幾何入門
桂 利行 著‥‥‥定価3150円（税込）
【主要目次】　可換環と代数多様体／代数幾何符号の理論／他

⑱ 平面曲線の幾何
飯高 茂 著‥‥‥定価3360円（税込）
【主要目次】　いろいろな曲線／射影曲線／平面曲線の小平次元／他

⑲ 代数多様体論
川又雄二郎 著‥‥‥定価3360円（税込）
【主要目次】　代数多様体の定義／特異点の解消／代数曲面の分類／他

⑳ 整数論
斎藤秀司 著‥‥‥定価3360円（税込）
【主要目次】　初等整数論／4元数環／単純環の一般論／局所類体論／他

㉑ リーマンゼータ函数と保型波動
本橋洋一 著‥‥‥定価3570円（税込）
【主要目次】　リーマンゼータ函数論の最近の展開／他

㉒ ディラック作用素の指数定理
吉田朋好 著‥‥‥定価3990円（税込）
【主要目次】　作用素の指数／幾何学におけるディラック作用素／他

㉓ 幾何学的トポロジー
本間龍雄 他著‥‥‥定価3990円（税込）
【主要目次】　3次元の幾何学的トポロジー／レンズ空間／良い写像／他

㉔ 私説 超幾何学関数
吉田正章 著‥‥‥定価3990円（税込）
【主要目次】　射影直線上の4点のなす配置空間X(2,4)の一意化物語／他

㉕ 非線形偏微分方程式
儀我美一・儀我美保著 定価3990円（税込）
【主要目次】　偏微分方程式の解の漸近挙動／積分論の収束定理／他

㉖ 量子力学のスペクトル理論
中村 周 著‥‥‥続 刊
【主要目次】　基礎知識／1体の散乱理論／固有値の個数の評価／他

㉗ 確率微分方程式
長井英生 著‥‥‥定価3780円（税込）
【主要目次】　ブラウン運動とマルチンゲール／拡散過程Ⅱ／他

共立出版

■各巻：A5判・上製・204～448頁
http://www.kyoritsu-pub.co.jp/

■数学関連書

http://www.kyoritsu-pub.co.jp/　共立出版

数学小辞典	矢野健太郎編
数学 英和・和英辞典	小松勇作編
共立 数学公式 附録数表 改訂増補	泉 信一他編
新装版 数学公式集	小林幹雄他共編
数(すう)の単語帖	飯島徹穂編著
素数大百科	SOJIN編訳
π	竹之内 脩他著
黄金分割	柳井 浩訳
My Brain is Open	グラベルロード訳
カッツ数学の歴史	上野健爾他監訳
代数方程式のガロアの理論	新妻 弘訳
直線と曲線ハンディブック	蟹江幸博他訳
高校数学+α 基礎と論理の物語	宮腰 忠著
高校数学+α なっとくの線形代数	宮腰 忠著
大学新入生のための数学入門 増補版	石村園子著
やさしく学べる基礎数学	石村園子著
数列・関数・微積分がビジュアルにわかる基礎数学のⅠⅡⅢ(ワンツースリー)	江見圭司他著
ベクトル・行列がビジュアルにわかる線形代数と幾何	江見圭司他著
クイックマスター線形代数 改訂版	小寺平治著
テキスト線形代数	小寺平治著
明解演習線形代数	小寺平治著
やさしく学べる線形代数	石村園子著
線形の理論	田中 仁著
詳解 線形代数演習	鈴木七緒他編
代数学の基本定理	新妻 弘他訳
群・環・体 入門	新妻 弘他著
演習 群・環・体 入門	新妻 弘著
Northcott イデアル論入門	新妻 弘訳
ツイスターの世界	高崎金久著
じっくり学ぶ曲線と曲面	中内伸光著
ユークリッド原論 縮刷版	中村幸四郎他訳・解説
数論入門講義	織田 進訳
初等整数論講義 第2版	高木貞治著
関数・微分方程式がビジュアルにわかる微分積分の展開	江見圭司他著
明解演習微分積分	小寺平治著
クイックマスター微分積分	小寺平治著
テキスト微分積分	小寺平治著
大学新入生のための微分積分入門	石村園子著
やさしく学べる微分積分	石村園子著
詳解 微積分演習Ⅰ・Ⅱ	福田安蔵編
ルベーグ積分超入門	森 真著
微分積分学としてのベクトル解析	宮島静雄著
フーリエ解析入門	谷川明夫著
複素解析入門	原 惟行他著
複素解析とその応用	新井朝雄著
差分と超離散	弘田良吾他著
やさしく学べる微分方程式	石村園子著
テキスト微分方程式	小寺平治著
詳解 微分方程式演習	福田安蔵編
微分方程式と変分法	高桑昇一郎著
Hirsch・Smale・Devaney力学系入門 原著第2版	桐木 紳他訳
微分方程式による計算科学入門	三井斌友他著
偏微分方程式入門	神保秀一著
ソボレフ空間の基礎と応用	宮島静雄著
数学の基礎体力をつけるためのろんりの練習帳	中内伸光著
やさしく学べる統計学	石村園子著
統計学の基礎と演習	濱田 昇他著
集中講義！統計学演習	石村貞夫著
集中講義！実践統計学演習	石村貞夫他著
クックルとパックルの大冒険	石村貞夫他著
Excelで学ぶやさしい統計処理のテクニック 第2版	三輪義秀著
明解演習数理統計	小寺平治著
データマイニングの極意	上田太一郎編著
データマイニング事例集	上田太一郎著
データマイニング実践集	上田太一郎著
新装版 ゲーム理論入門	鈴木光男著
数値計算のつぼ	二宮市三編
数値計算の常識	伊理正夫他著
Excelによる数値計算法	趙 華安著
これなら分かる最適化数学	金谷健一著
これなら分かる応用数学教室	金谷健一著
やさしく学べる離散数学	石村園子著
Kalman-Bucyのフィルター理論	津野義道著
ロジスティクスの数理	久保幹雄著